世界科普巨匠经典译丛 · 第五辑

*Zouchu Dasenlin*

# 走出大森林

（苏）米·伊林 著　李辉 编译

上海科学普及出版社

**图书在版编目（ＣＩＰ）数据**

走出大森林 / (苏) 米·伊林著 ; 李辉编译 . —上海 : 上海科学普及出版社 , 2015.1（2021.11 重印）

（世界科普巨匠经典译丛·第五辑）

ISBN 978-7-5427-6279-5

Ⅰ.①走… Ⅱ.①米… ②李… Ⅲ.①科学知识—科普读物 Ⅳ.① Z228.2

中国版本图书馆 CIP 数据核字 (2014) 第 240977 号


责任编辑：李　蕾


世界科普巨匠经典译丛·第五辑

**走出大森林**

(苏) 米·伊林 著　李辉 编译

上海科学普及出版社出版发行

（上海中山北路 832 号 邮编 200070）

http://www.pspsh.com

各地新华书店经销　三河市金泰源印务有限公司印刷

开本 787×1092 1/12　印张 14.5　字数 176 000

2015 年 1 月第 1 版　2021 年 11 月第 2 次印刷

ISBN 978-7-5427-6279-5　定价：32.80 元

# 目录

# 第01章

## ·自己的小世界·

有些动物为了能够在天空中飞行，需要耗费好几万年的时间，并且为此付出很大的代价：它们的前脚进化成为翅膀。人类也需要这样？不。人类为何用了几百年的时间就征服了天空，因为他们依靠的是知识，而不需要将手变成翅膀。

# 隐形的笼子

在很久很久以前，人的身材十分矮小，他并不是控制大自然的主人，而是大自然的奴隶。

人和森林里的野兽、天空中的鸟儿一样，受控于大自然。人没有强大的力量去操控自然，也没有绝对的自由。

有句比喻说：像鸟儿似的自由。可是，做一只鸟儿就是自由了吗？

也许，鸟儿有了翅膀，就能够随心所欲地飞到自己喜欢的地方去——飞翔在森林里，翱翔于海洋上，飞越过山谷。事实上真的是这样吗？难道鸟儿飞到遥远的地方是因为爱旅行？错，鸟儿是因为迫不得已才会飞行的。

冬天，大部分鸟儿都不能继续在寒冷的地区生活。数百万年来，保全了性命的鸟儿很多都是因为它们飞到了暖和的地方去过冬，而依旧留在寒冷地方过冬的鸟儿都死了。为生存而进行的斗争慢慢地让这些鸟儿养成了迁徙的习惯。

鸟儿无法自主地选择迁徙的路径。如果它们可以随意地、无限制地选择自己迁徙的路，那就可以把飞行的距离缩短几百乃至几千公里。但是，鸟儿所迁徙的路径都是它们的祖先流传下来的，往往是要绕一个大圈子才能够到达目的地。

如果鸟儿能够如此简单地从一个地方迁徙到另外一个地方，那么地球上每一个角落都有鸟儿们的身影了。

如果真的如此，那我们就能够在松树林或者桦树林里看到那些披着绿色、红色"衣裳"的鹦鹉。或许我们漫步在树林里面，也能够听到云雀悦耳的歌声。然而这些仅仅只是我们的想象而已，因为鸟儿也受到大自然的控制。世界上任何一种鸟儿都有自己固定的住处，只能在森林、草原或者海边营造出它们的住处。

老鹰的翅膀是十分有力的。但是，老鹰也受到自然的控制，它只能够在大自然所圈定的地方选择自己居住的地方。苍鹰的巨巢是不会建筑在平坦而没有树林遮挡的草原上的。当然，居住在草原的草原鹰也不会搬迁到森林里。

似乎有一堵隐形的墙把自然界分隔开来，不论是生活在陆地上的走兽，还是是翱翔天空的飞鸟，都不能够穿越这一堵墙的阻隔。

你不可能在草原上碰到居住在森林里的动物，如松鸡、戴菊莺和松鼠；草原上的野雁、鸨鸟和跳鼠，也不会出现在森林里。

不仅仅只有森林和草原之间会有这样的阻隔，就连草原和森林的内部也会被分隔出很多个小世界。


## 漫步森林

漫步在森林中，或许在无意识中就穿越了很多隐形的墙。在你爬树的时候，无形中就冲破了隐形的天花板。浩瀚的森林就像一栋大楼，大楼里面有众多小房间，虽然你无法看见这些小房间。

如果你漫步于森林中，仔细地观察就会发现森林在变换着。松树林和云杉林分布在森林中不同的地方。即使同在一片松树林里的树木也会有高矮之分。绿色的青苔会生长在树木的脚下，踩上去偶尔还会发出沙沙的声音；有着修长身形的草也会在树林中占有一席之地，偶尔也会随风舞动；树林里有些地方会铺满白色的毯子，那是白色地衣的杰作。

很多人看来，这里不过是一片树林而已。但是在森林学家的眼里，这里却是四片树林。阴暗潮湿的低地一直都是云杉和长苔的最爱，经过长年累月的生长，这里已经长满了众多的长苔，踩在上面，就像是踩在了羽绒褥子上。

自己的小世界 003

以前，松树林和绿苔是长在铺满沙土的斜坡上，如果细心地寻找，还会找到不少的越橘和红酸果。高一点儿的地方，是针叶树林和白苔，它们喜欢生长在满是沙土堆积而成的山丘里。或许你不知道，在另外一片潮湿的地方，还长满了像草一般的针叶树树苗。

玩着、走着，你无意中已经穿过了三堵隐形的墙。正是这三堵隐形的墙，把这一大片的森林分成4个世界。

在我们的生活中，不同住户的住宅都会有一个写着住户姓名的小牌子。在森林里面，不同住户也会有不同的小牌子。当我们来到云杉林的边缘地带时，我们就会看到很多牌子出现在树上，例如："云杉交嘴雀""黄雀""戴菊莺""三趾啄木鸟"……

居住在阔叶树林边缘的住户是：绿啄木鸟、金翅雀、青山雀、花鹨、柳莺、黑头莺、百舌和其他的鸟。

所有的树林都根据不同的植物和动物种类划分成好几层。

松树林也会分出不同的层次，青苔和草是生活在最底下一层，灌木则生长在中间一层，松鼠则生长在最上面一层。

松树林的层数相对于槲树林来说，是比较少的，因为槲树林有七层这么多。

槲树林最上层就像是一个大大的屋顶，组成这一个屋顶的分别有：槲树、白蜡树、槭树和菩提树。这一个屋顶还会根据不同的季节而变化出不同的颜色。到了美丽的秋季，这个屋顶更是色彩缤纷。花楸、野苹果和梨树的树梢一般都生长到槲树的半腰，它们交织在一起，也形成了一幅生动的画面。

我们能够看到榛树和山楂树等灌木丛的身影，它们的枝丫相互缠绕，相互盘旋。再下一层就是花草的世界了，它们会根据不同的种类和不同的科目分成好几层。长得高高的风铃草就会在上层，中间生长着蕨类的植物。再往低的地方看去，就是紫罗兰和草莓了。那贴着地面生长的植物就是青苔。除了地面上划分出不同的小房间之外，就连土壤下面也出现了地下室，那是森林中花草树木的根生长的地方。

无论是阔叶林还是针叶林，都有不同的小动物在里面生活。

大鹰一般会选择树上的高处建筑巢穴。啄木鸟会选择树洞作为自己最佳的住所。树莺会选择在灌木丛中，建造自己的温馨小窝。喜欢在地面上散步的丘鹬，当然会居住在楼下了。即使在地底里，也有住户居住，林鼠们最喜欢在地底挖掘地道建造自己的储藏室了。

为了满足这些住户们的需要，森林更是提供了各式各样的房间。在最上层的房间，明亮而干燥。在底下的房间，阴暗而潮湿，还有部分的房间具有冬暖夏凉的功能。

森林里是没有机械化的暖气设备的，那动物们怎么度过寒冷的冬天？大自然有一双巧妙的手，为小动物们提供了一个暖和的房间，那就是在地底下挖掘的洞穴。即使地面上的温度是零下18℃时，地底洞里的温度却是零上8℃。

在冬天，树洞是不能够居住的，不然会被活活地冻死的。到了夏天，这些树洞却成了一个好去处。猫头鹰和蝙蝠最喜欢这些树洞了，上完夜班之后，这些树洞就是最佳的睡觉地方。因为树洞能够遮挡住阳光，让动物们能够找个阴暗的角落去打个盹。

人们会因为一些客观或者是主观的原因而搬迁住宅，但对于森林的住户们来说，搬迁是一件天大的难事。

如果给丘鹬一间温暖并且十分干燥的房间，那丘鹬一定是不愿意的。若把丘鹬那又潮湿又阴暗的住宅送给大鹰——大鹰也是不喜欢的，因为大鹰不喜欢生活在靠近树根的地方。

▲ 丘鹬喜欢居住在又潮湿又阴暗的沼泽里

# 隐形的锁链

大家来试想一下：假如松鼠和跳鼠交换了住宅那会怎么样？大家都知道，松鼠生活在森林里，而跳鼠恰恰相反，生活在广阔的大草原或者是荒野里。

搬家之后，松鼠的家就会从高高的树洞或是枝丫上转移到地洞或是地窖中，而跳鼠会从草原和荒野搬迁到森林里面去，甚至还需要爬到高高的树上去。

事实上，跳鼠是没有办法上树的，因为跳鼠的爪子并不能满足它爬树的需要。另外，松鼠也不可能会住到地底下去的，因为它的生活习性只满足它生活在树上。

想要知道它住在什么地方，看一看它的尾巴和爪子就行了。

为了能够采摘到坚果和松果，松鼠的爪子需要能够牢牢地抓住树枝，同时它的尾巴就像是降落伞一样，让它能够随时从这一根树枝上跳跃到另外一根树枝上去。松鼠就像是一名出色的杂技演员。当貂鼠抓它的时候，它就发挥出出色的跳跃本领，尾巴也成为它最重要的跳跃辅助工具了。

但是，生活在草原里的跳鼠的尾巴和爪子与松鼠完全不一样。在茫茫无尽的草原里，没有灌木让跳鼠躲藏起来，也没有树木让跳鼠去攀爬。跳鼠想要活命，就需要拥有出色的快跑能力，必要的时候，跳鼠还需要躲避到地底下，这样才能够完全逃避猫头鹰

▲ 生活在草原上的跳鼠

和雕鸮的捕猎。为此，跳鼠的后爪长得长长的，这样有利于它跳跃的时候向前蹬。它的前爪长得短短的，这方便它用前爪掘地。跳鼠躲藏在地洞里，主要是为了逃避天敌，当然，这些地洞冬暖夏凉。

那么跳鼠的尾巴又能够起到什么样的作用？当跳鼠用后腿坐在地上的时候，尾巴和腿就形成一个稳定的架子，让跳鼠稳稳地坐着。在跳鼠跳窜的时候，尾巴如同船舵一般掌管着跳的方向。假使跳鼠缺少了尾巴，它就会在跳窜的时候翻跟斗摔倒在地上。

如果跳鼠和松鼠交换了居住的地方，那得把森林变成草原，同时，也需要把树洞变成地洞，就连它们的爪子和尾巴都需要交换。

若我们更加多地了解森林里与草原里的居民，那么我们就会发现，任何一位居民都被一条隐形的锁链固定某一个位置上。这一条锁链不能够随意地扯断，甚至可以说，这一条锁链是扯不断的。

再举一个例子：丘鹬。它会选择居住在森林的下层，是因为它需要觅食地下的虫。如果丘鹬到树上去，那它就没什么事情可以做了。所以，你在树梢上是不会看到丘鹬的。但是，三趾啄木鸟以及大的斑啄木鸟就和丘鹬相反，它们为了觅食，需要花上一整天的时间围绕在云杉或者是桦树周围。

它究竟想要干什么？它在树皮上和树皮下寻找什么东西？

当你把云杉的树皮剥下来后，就会看到里面有很多弯曲的通道。这些通道都是云杉食皮虫弄出来的，它们长期居住在云杉树里，以吃云杉树皮为生。这一些通道的末端都有一个更为宽敞的小洞，食皮虫的幼虫就是在这里生长的。它们会在这里慢慢地变成蛹，接着就会变身为甲虫。啄木鸟的喙是十分坚挺结实的，它能够轻易地把树皮凿穿，然后用舌头把幼虫从通道里面舔舐出来，作为填饱自己肚子的食物。

云杉—云杉食皮虫—啄木鸟就形成一条生物链。

在森林里面，还有很多不同的锁链把动物们锁在了树上或者是锁在森林里。

▲ 啄木鸟的生活离不开树

啄木鸟的食物除了食皮虫之外，也有其他的昆虫以及它们的幼虫。寒冷的冬天没有那么多的虫子让啄木鸟吃，它就会吃松果。啄木鸟会把松果放在树枝干中间，然后把松仁钳出来。它还懂得用自己的喙凿出一个树洞作为自己的巢。啄木鸟的尾巴和爪子能够帮助它稳稳地攀住树干。啄木鸟的生活离不开树，它又怎么会选择离开树去别的地方生活？

如此看来，啄木鸟和松鼠除了是生活在森林里面的居民之外，也是被囚禁在森林里面的犯人。

## 鱼登陆到陆地上

大世界是由很多的小世界组合而成的，森林就是其中一个小小的世界。在地球上，除了有森林和草原之外，还有山谷、苔原以及海洋和湖泊。

但是，有无数堵墙把一个个山岭分隔成一个个小世界。

即使是在浩瀚的海洋里面，也有很多块无形的楼板把海分隔成很多层。

伫立在海洋边缘地带的石头上有众多的贝壳，即使长期被海浪拍击，也无法把这些贝壳弄走。

在水深一点的地方，各种鱼儿在海草间畅游。那些，海草的颜色也是有不同的，有的是褐色，有的是绿色的。除了鱼儿之外，还有透明的水母随着海浪慢慢地飘荡。海星会在海底下慢慢地、慢慢地行动着。还有一些古怪的动物生活在海底的岩石上面，它们像植物一般，固定在岩石上，也不需要去寻找食物，因为食物会自动地送到它们的嘴里。红珊瑚虫就像吸气瓶子似的，能够把食物和海水一起吸到肚子里面。海葵的触手就像是花瓣一般飘动着，有些"倒霉"的小鱼儿游过它身旁的时候，就会被它抓住成为它的晚餐。

海洋的最底部是黑暗的，没有一丝的阳光。这里就像是一个分隔开来的世界，看不到白昼和黑夜，感受不到任何的风浪。这里很寒冷，很阴暗。为此，这里没有水草。

这一个黑暗的世界就是海洋动物们的墓地，当海里的动物植物死去后，遗骸就会掉落到这里。但是，在这一片"墓地"里面，依旧有它的居民。

有一种虾生活在这里，它长着10只脚，能够在这一片松软的泥土中行走；有一种长着阔嘴巴的鱼儿，它能够在这一片黑暗中自由自在地游动，不过，这种鱼是没有眼睛的；有的鱼的眼睛长得跟望远镜筒一样；还有一种鱼身上长满小亮点，它就像是一艘亮着灯的小轮船。

这一个黑暗的世界和我们所生活的世界是完全不同的。

虽然浅水区和陆地之间仅仅是由海岸线隔开，但是两者之间存在很大的差异。

我们试想一下：陆地上的居民能不能够搬到海洋里面去生活？海洋里面的鱼儿能不能够搬迁到陆地上来？

这似乎是不可能的事情。你要知道，鱼适合在水里面生活，如果让它搬迁到陆地上来，它就

▲ 古生代的鱼类等海洋动物

需要有肺，它还需要有腿来行走。可惜的是，鱼儿没有肺，它只有鳃；它没有腿，只有鳍。只有当鱼可以不再在水里面生活的时候，它才能够到陆地上生活。

可是，鱼可以不再做鱼吗？

这个问题需要由科学家来解释：在很久远的时代，有几种鱼真的从水里搬迁到陆地上生活。但是，这个搬迁的过程是十分的漫长，足足有几百万年的时间。

那个时候，有一些浅海和浅水湖泊即将要干涸了。那些不能适应在即将干涸的水潭里生活的鱼类慢慢地死亡，生存着的鱼类数量越来越少。最后，只有那些没有水也能够生活着的鱼类生存了下来。在干旱的时候，它们就会钻到泥里面去，它们会把鳍当作是脚爪一样，爬到有水的地方去。

它们在不断地寻找着、选择着可以适应陆地上生活的每一个变化。这样的选择就把某几种的鱼变得更加能够适应陆地上的生活了。鱼鳔慢慢地发展成为肺，鳍也变成了脚爪。

这一个变化的过程，人类是看不到的，那个时候人类还没有出现。那我们是怎么知道的呢？动物死去之后留下的遗骸能够为我们揭开谜底，它们告诉我们一段不为人知的古代历史。现在，依旧有这些生物生存着，它们或许已经告诉了我们几百万年前发生的变化。

在澳洲一些即将干涸的河里面，就生活着一种角齿鱼。这种鱼的鱼鳔和肺有些类似。当干旱的日子到来的时候，河水就会变浅，最后会成为一个满是污浊的泥水潭，其他的鱼类都会死亡，它们的尸体也会慢慢地腐烂，水中也会充盈着很多的毒质。但是，这种角齿鱼并不怕干旱，由于它除了鳃之外，还有肺。它把头从水里面伸出来呼吸新鲜的空气，就能够继续在泥潭里面生活了。

除了澳洲之外，相类似的鱼还出现在非洲和南美洲。在长期没有水的日子里，它们依旧能够自由自在地生活。没有水，它们就会钻到泥土里面去，用肺来呼吸新鲜的空气。等雨水降临的时候，它们就又会用鳃来呼吸。

原来鱼的肺就是这样发展而来的。

那么鱼的脚是怎么发展出来的？在热带地区，有一种会跳跃的鱼，它能够在陆地上跳，还能够爬上树。它用来跳用来爬的身体部位就是鳍。

那么，我们又怎么知道它们确实是从水里面出来的？

那些死去的动物的遗骸就能够给我们阐明这一个发展的过程。科学家们在地层深处发现了一种古代动物的骨骸，它在很多的方面与鱼类似，但是它已经不是鱼，而是一种和青蛙相似的两栖类动物——坚头类。这种动物的鳍已经发展成为拥有 5 个爪子的脚了。当坚头类从水里面爬到陆地上的时候，它就能够用脚来爬行，不过它行走的速度很缓慢。

那么青蛙又能够说明什么？在青蛙还处于蝌蚪阶段的时候，也跟鱼没有多大的差别。

▲ 石炭纪两栖类动物巨蜥

这些现象让我们得出结论：在遥远的古代，有几种鱼终于跨越了海洋与陆地分隔的界限，到陆地上生活了。可是，它也就因此而变成了另外一个种类的动物——两栖类动物。继续发展下去，它们就会由两栖类动物演变成爬行动物，再从爬行动物慢慢地变成了兽类与鸟类。这个过程十分漫长，让很多的动物都忘记了回到海洋的路了。

# 无法逃离的囚笼

把世界隔开成众多小世界的墙也不是永远都存在的。海会有干涸的时候，陆地有被海水淹没的时候，草原也有可能会变化成沙漠。在海里面生活的动物也爬到陆地上来，森林里面的居民也有可能会走出森林，走到草原上去。

例如马。或许你并不知道，马在很久以前是一种穿梭在密林之间的小兽。这种小兽和马有很大的差异，它的脚和马的蹄有很大的区别，小兽的脚是有五个指头的脚爪，那是为了能够抓牢森林的地面。

但是，随着时间的推移，森林变得越来越稀疏，最后演变成为草原，原本在森林里面生活的小兽不得不走到空旷的地带去生存。想要在这空旷的地方生存下去，那就需要有拼命奔跑的能力，只有跑得最快的才能够逃避天敌的追捕。

为此，生活也面临着这样的选择：选择有利于飞奔的东西，淘汰那些没有用处的东西。

为了飞奔，马的祖先发现脚上是不需要这么多的足趾的，于时，出现了三个趾头，接着慢慢地演化成只长一个趾头的马。最后，就出现了我们现代的马——只长一个趾头，并且带有坚硬的蹄。

为了适应草原的生活，马除了足趾需要变化之外，就连它的外形也慢慢地发生了变化。为了奔跑，马的腿要变得越来越长，如果马的脖子还是和原来一样，它就无法吃到脚下的草了，所以马的脖子也随着变长。生活就是这样，把一些有用的保留下来，把那些没有用处的东西都淘汰掉了。

当然，还有牙齿也有了变化。在草原上，马可选择的食物范围很小，很多时候都需要吃一些又粗糙又硬的食物，吃这些食物的时候，就需要马用牙齿来咀嚼了。最后，马的牙齿也慢慢地变化了，它的牙齿就像是磨臼，又类似于锉刀，这样的牙齿方便咀嚼一些细硬的青草了。

这个变化的过程十分的漫长，它足足用了 5000 万年的时间。

事实上，动物们是很难跨越出那一道小小的界限，它们也难以挣断那条把它禁锢在一个世界里的链条，即使好不容易挣断了这一条链条，它们也无法获得自由。

当它们跨越了障碍走出了牢笼之后，又将会走进另外一个牢笼里。马从森林里走了出来，走到草原里。这个时候，它不再是森林动物了，它已经变成生活在草原中的动物了。当鱼从水里面爬到陆地上生活后，它就无法重新回到海里去。如果它想要回到海里生活，那它得再一次改变自己。如果陆地上的动物到海里面去生活，它们的脚就要变成鳍，就像鲸一样，即使它不是鱼，但是它也不得不向鱼的外形变化。

# 逃离自然的枷锁

生活在地球上的动物多达 100 万种，不同种类的动物都有适应自己生活的世界。在这个世界里，有的动物并不能够适应其中的生活，却有另外一种动物能生活在其中。

你试想一下，当白熊搬迁到热带森林里，它或许就像是生活在一个闷热的浴室中。这是因为它的皮袄是不能够脱下来的。

同样，大象是生活在热带森林里的，如果把象转移到北极生活，那它可能就会被冻死。因为它就像是呆在浴室里面一样，身子光溜溜的。但是，世界上却有这样一个地方，让白熊和象都生活在里面。在这个地方，你能够看到世界上的各种的动物能看到住在森林里的兽类动物，草原里的兽类，还有一些山岭居民也和草原兽类一起居住着。这个地方就是动物园。

在动物园里，动物被安排生活的地方也不同。所有的兽类都集聚在这里，但是动物们不是自己聚集起来的，而是人为地把它们聚合起来的。

这种活干起来是十分麻烦的。因为不同种类的动物都有适应自己生活的世界，为此，动物园需要给它们提供一个适合其生活的环境才可以。

如果这一种动物是生活在海洋里面，那动物园就要在水池里面给它们制造出一个海洋。如果这一种动物是生活在沙漠里面的，那你就在这 20 平方米的地方创造出一片沙漠来。动物园需要让野兽们吃得饱，更不能够让它们相互残杀。有的时候还需要给白熊准备洗澡的水，给猴子温暖的环境，给狮子生肉吃，给鹰一片飞翔的地方。

但是，人生活的环境和动物们有很大的不同。

人可以选择住在森林里面，也可以选择住在沼泽里面。住在森林里面的人，可以搬迁到草原上住，住在沼泽里面的人也可以住到干燥的地方去。

人类可以选择自己喜欢的地方去住。如果说，有什么地方是人类不能够去的，那在地球上真的数不出几个。有曾经在浮冰上居住过的人吗？有，那是苏联的北极探险队队员。若他们去最热的沙漠里旅行，他们也不会逊色的。

如果人要从草原搬迁到森林去，或者住在森林里的人要到草原上去，并不需要像动物那样改变自己的手脚。即使人类从南方搬迁到北方去生活，人也不会冻死，因为人类制造出了皮袄、帽子和靴子。有了这些，人类就可以像动物那样抵御寒冷了。

人也可以像马一样飞跑，甚至比马跑得还要快，但人并不会因为跑而牺牲自己的脚趾头；人也可以像鱼那样在水里游泳，甚至比鱼游得还要快，但人类并不需要用手脚换取鳍。

有些动物为了能够在天空中飞行，需要耗费好几万年的时间，并且为此付出了很大的代价：它们的前脚进化成为翅膀。人类也需要这样？不。人类为什么只用了几百年的时间就征服了天空？因为他们依靠的是知识，而不需要将手变成翅膀。

▲ 始祖鸟，是一些有羽毛印痕的兽脚类恐龙化石标本的统称，它们可能是一种基础恐爪龙类，曾经被认为是最早及最原始的鸟类

人类用智慧征服了许多无形的墙，从而到达世界各个地方。

当他上升到一个氧气不充足的地方的时候，他还是能够活生生地回来。来自苏联的一位平流层飞行员就破了当时的升高记录。这一举动无疑提升了生命世界的一个高度界限，从而迈出了一个跨越生物界限的脚步。

但是依旧有不少的生物都像奴隶一样服从大自然。演算题都是需要根据题目的条件来计算的。这里每一种生物都是需要通过生活来解答，生物的生存条件就是题目的条件，而答案就是动物们的身体部位，脚掌、翅膀、鳍、癖性等等。这些东西能够清晰地告诉你动物们的生活习惯和生活方式。

动物所拥有的一切都是为了满足它适应这个环境生存。但是人类和动物是不一样的。人类可以自己创造一些条件来满足生活需要。人类能够改造自然中的一些不合适的条件。

在自然中，沙漠的水是很少的，但是人类能够通过建造运河来改变这个现状。

在自然中，北方的土壤是十分贫瘠的，但是人类能够在这些土壤里面施加肥料。

人类可以在严寒的冬天里，让自己的家变成夏天；也能够把夜晚变成白昼。除此之外，人类还通过采伐和栽培改变了森林，也能够通过耕种来改变原来的草原。

马、牛、羊是我们常见的家畜。这些动物在野生自然界里面已经慢慢地减少了，它们中的不少同类都被人驯养了。有一些野兽还因为人类而改变了癖性。

当野兽住在比较靠近人类的地方的时候，它们就会选择居住在耕田旁边，从而在田野里面弄一些吃的来生活。但是，也有一些动物会选择到远离人类的地方去住。如果想要找一些没有经过人类改造的自然界，那这些地方就只能够是自然保护区了。当人为地划出了自然保护区界限时，人类似乎信誓旦旦地对自然挑战说："在里面，你能够做主人。但是在外边，就是我做主了。"看来，人类慢慢地把自然界征服了。但是在以前，人类就像普通的野兽那样，只能做自然的奴隶。

# 人 的先辈

在几百万年以前，或许现在这个地方生长着茂密的森林和灌木丛，或生长着别的种类的树木，同时也生长着不同种类的动物以及草。现在，这里变成了另外一片森林，有自己独立的生态系统了。

在这些森林里面生长着的是桦树、菩提树和槭树。除此以外，这里还生长着桃金娘以及月桂与木兰，它们都并排地生长着的。在它们旁边，生长着葡萄和垂柳。在不远处还有樟树和龙脑树，它们此刻或许正盛开着美丽的花儿。

槲树在我们的印象里面是十分的巨大的，但是当它站立在巨大的杉树旁边的时候，就像是一个侏儒一样。如果说，我们觉得现代的森林是一间房子，那么远古时候的森林就像是摩天大楼。

"摩天楼"最上层，又明亮又最热闹，在娇艳的花朵之间，各种各样的鸟儿就在上面飞舞着，叫嚷着……这里是最吸人的地方。有的时候，猿猴也会在这些树之间玩耍，有的时候这些顽皮的猿猴会从这一棵树跳到另外一棵树上；有的猿猴妈妈会搂着孩子，用牙齿嚼烂一些水果来喂养孩子；有的时候，这一些猿猴就会跟在年老的猿猴后面，一起爬上树。那么这些猿猴是属于哪一个种类？

　　你在现代的动物园里面是看不到这些猿猴的踪迹的，因为这些猿猴已经经过进化而产生出人类和黑猿。大猿也是这一种猿猴进化而来的。

　　在希腊语里面，这些古猿猴叫做"dryopithecus"，翻译过来之后就是指"森林古猿"。森林里居住着最高一层的居民，它们就是森林古猿。它们能够在这几十米高的"摩天大楼"里游荡，可以自由自在地跳跳在树木之间，就像

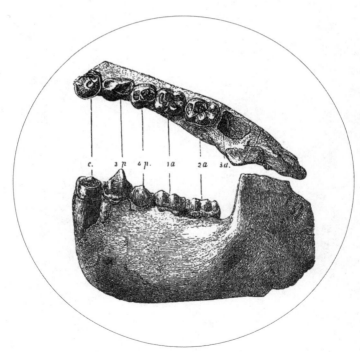

▲ 森林古猿牙床复原图

是穿梭在游廊和阳台上那样。森林就是森林古猿的家，它们能够用树枝来建造自己的"窝"。它们把森林当作堡垒，窝藏在这最高的地方，躲避着那些凶猛的野兽。除此以外，森林还是它们储藏食物的仓库。

为了满足自身的生存需要，它们要有敏锐的视觉和尖利的牙齿。同时，它们也需要用指甲来抓住树枝，这样才能够快速而牢牢地抓住树枝。当然，它们并不是单单被一根锁链锁在这小小的森林空间里面，而是被许许多多的锁链锁住了。这些锁链不但把它们锁在森林里，而且是锁在森林最上面的一层。那么，我们的祖先是怎么通过自身的努力来挣脱这些枷锁的？它们又是怎么迈开自己的脚步，跨过重重的自然障碍的？

# 第02章

## ·寒冷的时代·

通过这本书，我们了解到这个"人"的生活以及其冒险的故事。我们现在就像写小说那样，让大家一起来了解我们的祖先是怎么成长的。他们排除了多少的困难才会进化成为现代的人类。

# 主人公及其家人

或许你以前也看过那些古老的小说。小说的作者会选择在前面的几章中，详尽地把故事里面的所有人物和亲属关系都告诉读者，然后再开始叙述那冗长的故事。

在小说的前几章里，你就可以了解到主人公的祖母是怎么打扮自己的，你也能够知道主人公的母亲在结婚之前会有什么奇特的遭遇。接下来，作者会详细地讲述主人公成长的历程，甚至他什么时候学会说话也被记录下来。十章的讲述已经过去了，主人公就开始谈恋爱了。在第三卷里面，就会讲述主人公怎么去排除万难而结婚生子。一部小说到这里就已经接近尾声了。

通过这本书，我们了解到这个"人"的生活以及其冒险的故事。我们现在就像写小说那样，让大家一起来了解我们的远祖是怎么成长的。他们排除了多少的困难才会进化成为现代的人类。

刚开始的时候，我们的祖先就遇到了一个巨大的困难。

在这个时候，主人公的"祖母"已经不在人世了。即使我们想与她相见，那也只能够到博物馆去。在博物馆里面陈列出来的化石并不能够让我们看清楚"祖母"的外貌以及外形，即使是在地球上的各大洲中寻找，也只能找到那么几根的骨头。那又让我们从何了解？

主人公的亲戚们却让我们发现了很多线索。当人类走出了森林的时候，他们的双脚已经能够完全地站立起来了。但是，主人公的亲戚们——黑猿、大猿还是待在森林里面，过着以前的生活。有些人或许并不喜欢这些亲戚，也有很多的人甚至不愿意承认人和黑猿有着同一位祖母，因为他们觉得这是一种侮辱。

▲ 人类的远亲黑猿

在美国，为此还闹上了法庭：有一位教师跟孩子说，猿是人的亲戚，两者之间是具有亲缘关系的，结果成了被告。当时在法庭上有很多的人，甚至有一些备受尊敬的公民也出席了庭审。

"我们和猿猴是没有任何的关系，任何东西都不可能让我们转变成猿猴。"

这位教师对于这样的罪状十分愕然。当法官严厉地审问他的时候，他在心里暗想，这位法官难道是傻了？如果这样让我入狱的话，那九九乘法表也能够判罪了。

这场笑话按照一般的诉讼手续的规则来进行着。在被告人自我辩护之后，法官依旧判刑了，并且公然提出"人和猿是没有亲缘关系的"。就因为这样，与人类起源相关的科学就被"改变"了。

然而，真理并不会由于法律的判决而颠覆。

# 罗莎 和 拉法哀尔

在伊凡·彼得罗维奇·巴甫洛夫的实验室里就有两只黑猿，其中一只黑猿叫做拉法哀尔，另外一只叫做罗莎。

人类遇到了这类亲戚都不会客气，他们会把这些亲戚关到笼子里面去。但是，这一次大家都十分重视而又亲切地招待了这些客人。人们给它们修建了住宅，这栋住宅里面不但有卧室和饭厅，还有浴室和游戏室。人们还细心地在饭厅的桌子上铺上了台布，在食橱里面放了众多的食物。

这一间屋子并不是提供给人类使用的，而是让黑猿来居住的。每到吃饭的时间，桌子上就会陈列出碗碟，在晚上，还会把床上的卧具都铺好了，有的时候还会细心地拍松枕头。但是当这两位客人搬进来居住之后，它们就按照不同的生活模式来使用这一间房子。它们吃饭的时候不使用汤勺，也不会在睡觉的时候枕在枕头上，而是把枕头放在头上。

罗莎和拉法哀尔的生活模式和人有很大的差别，但是这些差别之外，又存在很多有关联的地方。

罗莎会十分重视那串食橱锁的钥匙。一般情况下，这串钥匙都是放在看守人的衣兜里面，但是罗莎会偷偷地从看守人哪里偷来钥匙，然后就用钥匙来打开食橱。这样，它就能够随心所欲地吃到自己喜欢的葡萄了。

除了罗莎会有如此惊人的表现之外，拉法哀尔也有自己聪明的地方。拉法哀尔上课用的工具是一只装着杏子的木桶和很多大大小小的方木块。这些木块有的像椅子那么高，小的像脚踏的矮凳。装着杏子的桶子是挂在了天花板上的，那么拉法哀尔会想什么办法吃到杏子呢？

如果是在森林里面，拉法哀尔就会攀爬到树上从而摘取果子来吃。可是当这些果子不是在树上而是悬空挂在屋顶的时候，它要想吃到果子就要发挥它的智慧了。它把办法放在了那些木方块上。

它选择用这些方木块堆积成为一座金字塔一样的东西。它知道堆积方木块不能够乱来，要按照从大到小的顺序来做。有的时候堆积错误了，拉法哀尔就会吸取教训。当它把大的木块放在了小的木块上时，出现了摇摇欲坠的情况，下一次它就改而把大的放在下面，把小的放在上面了。最后，拉法哀尔够到桶了，并且吃到了里面的杏。

除此以外，拉法哀尔的动作和人类也有很多相似的地方的，它能够把木块扛在肩膀上，也能够用手来扶着东西把木块堆砌到上面去，还能够从错误中吸取教训。

那么，除了这些猿类之外，还有什么动物能够这样聪明？是狗，还是猫？

# 黑猿能够变成人

那么，这些聪明的黑猿能够像人类一样工作、走路和说话？有一位叫杜洛夫的驯兽家就曾经这样假设过。杜洛夫还调教了一只黑猿，并且给它取名为米木斯，这名学生能够在用餐的时候使用汤匙，它也学会了围上餐巾，像人一样坐在椅子上。它还懂得怎么方便快捷地从小山上下来，因为它懂得使用雪橇。

但是，杜洛夫最终还是失败了。

为什么会这样？因为人在久远的历史中已经有很多进化了。人的祖先从在树上生活进而转移到地上生活之后，懂得使用两只脚来行走，两只手来工作。但是黑猿的祖先还是选择在树上生活，这是因为树上的生活更加适合它们生存。

为此，黑猿与人的身体构造上存在很大的差异。它的手脚和人都是不同的，

它们的脑子也和人的不一样。

细心地研究黑猿的手，你就会发现它的手的构造是有别于人的手的。人的大拇指和其他四指可以叉开得很大，这是方便我们的手指更加灵活地工作。但是黑猿的大拇指和其他四指的开叉口很小，其大拇指的大小比小指头还要小得多。之所以会这样，也是因为黑猿需要使用手来抓住树枝，而用脚来摘取水果，为此它们在地上行走时，需要用手来撑着地面。简单来说，黑猿的手是可以当作脚来使用。

除了手脚构造有很大的差异之外，黑猿与人的脑子构造也存在很大的差异。黑猿的脑子很小，并不像人类的脑子那样有着复杂的构造。

伊凡·彼得罗维奇·巴甫洛夫就是研究人脑的专家。他观察罗莎和拉法哀尔的生活习惯之后，发现黑猿的行为是毫无秩序可言的。伊凡·彼得罗维奇·巴甫洛夫有的时候会在黑猿的房子里面呆很久。他觉得无法在它们的行动中寻找到秩序。它们还没有把这件事情做完，下一件事情就开始了。即使是在拉法哀尔搭建"金字塔"的时候，如果它看到一只皮球出现，它就会把注意力都投放在皮球上，而建金字塔的木块就被它扔在一边了。不一会儿，它玩厌了皮球，又会把注意力集中在地板上的苍蝇身上。

这样总结出来，猿的脑子工作的时候是十分混乱的，这也导致了猿的动作也出现了毫无秩序的现象。但是，人类和猿在这一方面是相反的，人的脑子能够有条不紊地工作。

罗莎和拉法哀尔吸引了一位电影导演的兴趣。这位导演还打算给它们拍电影。在拍摄电影的时候，就需要把黑猿放到房子外面，当黑猿获得了自由那一刻，它们就激动地爬上了树，并且高兴地在树上荡秋千。或许它们觉得，自己还是比较适合树上的生活吧。

非洲是黑猿的老家，它们居住在森林最高一层的世界里面，它们能够在树枝上建造自己的"家"，还懂得爬到树上去躲避天敌并且在树上找到自己的食物。它们在树上开心地生活，对于它们来说，树上的生活远比地上的生活有趣得多。为此，你在空旷的地方或者是没有森林的地方，是无法找到黑猿的身影的。

有一位科学家就来到了非洲喀麦隆了解黑猿的生活方式。这位科学家在森林里面捉到了10只黑猿，并且让它们生活在周边的树林里。为防止黑猿逃跑，科学家还用斧子和锯子建造了一个无形的笼子。科学家还把黑猿原来生活的树林砍光了，变成一个空旷的树林岛。

科学家就认为，黑猿是生活在森林里面的动物，要让它们离开从小生活的环境，它们是不会愿意的，因此它们也不会愿意忽然之间居住在这片空旷的森林孤岛上。这与白熊不喜欢生活在沙漠里的性质是一样的。既然黑猿是不愿意离开树林生活的，那么人类的祖先是怎么到地面上去生活的？

# 蹒跚走路

在森林里生活的祖先并不是很简单地就能够完成从树上到地面上生活这一个过程的。他们可以自由地在森林里面生活，却不能完全地适应在草原上的生活，这个迁移的过程是需要几十万年的时间。

森林里的动物想要挣脱那一条无形的锁链，需要从树上转移到地面上去生活，需要懂得怎么用脚来走路。即使是在现代社会，出生的婴儿想要学会走路也不是一件容易的事情。在托儿所里面，你可以了解到婴儿成长的全过程。有一些婴儿不会走路，但是他们会懂得怎么去爬行。初生的婴儿并不会满足于呆在一个地方，他们需要爬行到其他的地方去。经过几个月之后，这些婴孩就会懂得怎么去走路了。他们不再需要采用双手撑地的方式来爬行，他们就颤抖抖地站立起来，一步步地走起来了。

但是这一个过程需要好几个月的时间，而我们的祖先要完成这一个过程就需要好几千年的时间。当我们的祖先还生活在树上的时候，他们为了生活

的需要，也会到地上去待一会儿。这个时候，他们并不只是采用手来搀扶，而是需要用后脚向前跑步。但是跑不了很长，只是两三步而已。那么他们是怎么从跑两三步变成跑上百步的？

# 手开始工作了

当我们的祖先还在树上生活的时候，他们就已经懂得怎样运用手来工作了。即使是在采摘水果与坚果的时候，他们都能够用手来采摘。他们甚至还懂得了怎么用手来建造自己的窝。

既然他们懂得用手来采摘坚果，那么他们同样也懂得怎么用手运用木棍或者是石头。长期使用木棍，他们的手就会变得更加有力，更加的长。他们用石头是为了敲破那些坚硬的坚果，他们也懂得运用木棍来挖掘可以吃的食物，比如藏在老树墩里面的幼虫。长期使用这些工具来工作就会让他们的手能够逐渐多干一些事情。他们的脚就会慢慢地演变成只剩下行走的功能了。

如此一来，他们就只能够使用脚来走路，而手却能够工作了。为此，一种用脚来行走，用手来工作的动物就出现在地球上了。

他们的外貌和一般的野兽没有太大的区别，但是他们已经能够像人一样使用木棍和石头了。但是，你也需要明白，只有人才会懂得怎么去使用这些工具，动物是不可能会用工具的。

即使是跳鼠和田鼠也不需要用工具来掘地。老鼠在削尖那些木头的时候是用自己的嘴来削的。啄木鸟在吃虫子的时候也需要凿开树皮，但是他们也仅仅只会用自己的喙来凿。我们的祖先并没有以上动物的那些功能，他们只能够用手来完成这些工作。为此，手就成为他们最好的工具了。

# 来到陆地上

当我们的主人公在不断地变化着的时候，地球上的气候也慢慢地发生了变化。北方的冰也慢慢地向南方移动，山上的雪线也慢慢地向下移动，为此我们的祖先生活的环境也越来越恶劣。到了晚上，那里的气温就会变得很低，冬天也在慢慢地变冷，即使有升温的时候，也还是不如以前暖和。

以前山上的北坡生长着棕树、木兰以及月桂。随着气候的变化，这里就长满了槲树和菩提树。直到现在，一些河边的底层里面，我们还能找到古代槲树和菩提树的踪迹。

山的南坡生长着无花果树和葡萄藤，有的因为天气的原因而搬到了低洼的地方去了。热带森林的界线在慢慢地往南移动。原本住在森林里面的居民也搬迁了，如古象和剑齿虎就慢慢地消失了踪迹。

树林也慢慢地发生变化。原本茂密的树林已经空出了大片空旷的地方，过去在森林里生活的猿猴类动物也搬走了，有一些因为适应不了新环境而死去。

葡萄也慢慢地变少了，无花果树更是难以寻找到踪迹。想要在这里生活，那是一件十分困难的事情。在这一片空旷的地方生活，一不小心就有可能会成为某一种凶猛动物的食物。

面对如此的环境，我们的祖先依旧是选择了生存下去，他们从树上搬迁到了地上。

为了生存，他们需要经常在地上行动，去寻找食物。但是从原来比较适应的环境里走出来，那需要做些什么呢？它们似乎是在打破森林的规则，然而想要挣脱掉那原有的锁链，就需要身体有新的变化。鸟兽们都为了生活而变化着。

# 寻找 丢 失的 环 节

　　人学会用双脚来走路并不是一蹴而就的。在刚开始的时候，他们就像是初次走路的孩子那样，双脚颤抖地前进。那个时候人类的样子与今天有什么不同？

　　在今天，我们已经不能够看到活着的猿人了，但是，我们还是能够在一些地底下找到他们的骨头。我们在研究了这些骨头之后，就能够知道，人类是由猿类进化而成的。古猿变化成为人类是需要经过一个漫长的过程的，其中猿人就是这一个过程的关键环节。现在，我们能够在那些泥沙或者是地底下找到猿人的身影。

　　考古学家要在地底下挖掘出猿人的骨头，为此，他们需要有充分的准备，需要了解清楚哪里可能挖掘到这些古代人类的骨头。不然，就像是大海捞针一样的困难。

▲ 杜布瓦博士

　　20世纪末的科学家海克尔就做出一个假设：猿人骨头是不是在亚洲南部？他还指出，猿人的骨头或许就会在巽他群岛。可惜的是，这一个猜测并没有证据可证明。但是，阿姆斯特丹大学解剖学教授尤琴·杜布瓦博士就相信了这一个猜测。他甚至放下了自己手上的工作，全身心地投入到寻找猿人骨头的事业中去。他身边有很多的同事都觉得他的行为是十分疯狂的。教授们觉得，如果是正常人的话，是不可能这样做的。上流人士应该有上流人士的生活方式，每一天闲适地漫步在阿姆斯特丹的大街上，来往于学校和家，两点一线地生活。

　　但是杜布瓦有自己的理想，有自己的抱负。他毅然地离开了大学，离开了那安逸的生活，到遥远的苏门答腊岛去寻找古猿的骨头。他刚刚到达了苏门答腊，就马上展开了搜寻的工作。时间一个月一个月地过去了，猿人的骨头依旧没有下落。

　　一般而言，我们想要寻找自己东西的时候，或许还知道应该从哪里入手，或许能够知道，自己要找的东西是什么样子的。但是杜布瓦并不是如此幸运，他所要做的是一件十分困难的事情。因为这件东西仅仅是一个"假设"。这个"假设"并不能够完全地推断出，猿人的骨头必定是存在这里的，即使年复一年地去挖掘，也不一定能够找到这些猿人的骨头。

　　如果不是杜布瓦的话，其他人一定会早早地放弃了寻找的念头。即使是杜布瓦，他有时也会怀疑自己这个举动。当他漫步走在那热带森林地带的时候，当他漫步在苏门答腊沿海地带的时候，他就会怀念在阿姆斯特丹的舒适生活了。他会想念那里的一切，包括那里的运河，那里的古老房子，那里的郁金香……

　　但是，种种的阻碍并没有阻挠杜布瓦的脚步，他依旧坚持在巽他群岛及其他的地方去寻找猿人骨头。后来，他来到了爪哇。在这里，他终于实现了自己的愿望。

　　在距离特里尼尔村不远的地区，他寻找到了猿人的一些骨头，有头盖骨、有下颌骨碎片、有古猿人的牙齿和一根大腿骨。这些猿人的骨头，不由得让杜布瓦开始联想"祖先"是长得什么样子的。杜布瓦使用一些方法来还原猿人的脸，经过复原之后，这些猿人的脸终于可以重见天日了。他们的前额比较低还微微地向后削，眉骨却明显地往外凸。他们的模样不但像人，和猿类也十分的相似。但是杜布瓦认为，猿人或许会比猿类更加聪明。这主要是因为他们的脑子容量比猿类更大，更接近人类。

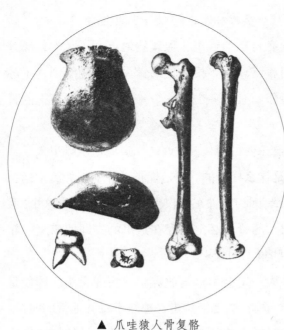

▲ 爪哇猿人骨复骼

通过这几件骨头，杜布瓦能够发现很多事情，通过观察猿人的大腿骨和推想骨头上的肌肉，从而认定这个时期的猿人已经用双腿来走路了。

杜布瓦还想象出自己祖先真实的样子，他们会弓着腰，曲着双腿，双手垂下来走路。他们觅食的时候会在空旷的地方行走，用他们锐利的眼睛去观察周围的状况。

他们并不是猿类了，但是也不能算是真正意义上的人。为此，杜布瓦就为他们起了一个新的名字，"直立猿人"。

既然猿人已经找到了，那么杜布瓦的工作算是结束了？不，现在只是杜布瓦艰苦岁月的开端而已。

由于有些人并不认同猿是人的祖先这个观点，他们对于杜布瓦新的发现也抱有质疑和反对的态度。一些传教士更是举出种种的理由来反驳杜布瓦的观点。他们认为，杜布瓦找到的骨头不过是长臂猿的骨头而已，那些大腿骨是现代人死后埋葬在地下的。为此，杜布瓦的发现在他们看来是荒谬而不可信的。他们也开始找一些证据来支持他们自己的观点。

面对着这一些质疑的声音，杜布瓦并没有放弃自己的理念，他反驳了他们："猿人和长臂猿是不同的，因为猿人有长臂猿所没有的额窦。"

年复一年，这一科学发现依旧受到不少科学家的质疑。

直到有人又找到了一些新的证据来支持杜布瓦的观点。

▲ 爪哇猿人复原图

这一件事情也需要追溯到 19 世纪末，当时有一个科学家在北京的一家药店去了解中国药材，看到了一些奇怪的药材。这些药材有的是人形的人参，有的是动物牙齿以及一些刻有奇怪符咒的龙骨。这些东西吸引了科学家的兴趣，他把注意力集中在那些动物的牙齿中。其中，有一颗牙齿既不像野兽的牙齿，和现代人类的牙齿也有很大的差异。科学家买下了这一颗牙齿，最后收藏在欧洲一家博物馆里面，它还有一个十分有趣的名字："中国牙齿"。

时间又慢慢地过去了，1929 年，在北京附近的周口店洞穴里面又有新的发现了。这些牙齿最后被科学家认定为"中国猿人"。在这个地方，并没有找到猿人完整的骨头，却发现很多零碎的骨头。猿人的牙齿就达到了 50 多颗，还有 3 个头盖骨以及身体不同部位的若干骨头。这些发现足以说明，在这里生活的并不仅仅只有一个中国猿人，而是有一群中国猿人。在漫漫的岁月里面，猿人的骨头很多已经被遗失了，即便如此，科学家还是能从这些零碎的骨头中，断定曾经有一群居民在这里生活过。那么我们的主人公样子是怎么样的？

他生活的时代与今天有什么不同？

事实上，他长得十分难看。

如果他穿越到现代的社会，那一定会吓到不少的人。他的脸部明显地向前凸，他的双臂还长着毛，这看上去和猿类十分相似。但是他已经能够直立地行走了，他的脸也和人有几分相似之处，因此你能够很容易地把他和猿区分出来。

有的时候他会摇摇摆摆地在河岸上散步，他也会坐在沙地上，有的时候还会捡起一块石头来敲打另外一块石头。这样究竟有什么用？

如你跟上他的脚步一路走来，就会来到一个洞口，这里就是我们主人公的大家庭居住的场所。在洞里，他们会围成一堆，接着就会有一个族内的老人走出来分割食物给族人。他们使用的器物就是一个石器。难道他们已经懂得怎么去使用石器了？除此之外，他们还学会用火堆来照亮周围。难道他们也懂得怎么烧火堆了？

我们可以到周口店寻找到答案。科学家发现，这些洞穴里面有很多猿人的骨头，还有很多粗糙的石器以及一些灰烬。这些发现都告诉我们，中国猿人已经在这个地方生活了很长一段时间，他们也懂得怎么去保存火。猿人可能是在森林火场里面找到一些火苗，然后点着木头，带回到洞穴里。

# 第 03 章

## ·高大的围墙·

　　为什么他们会如此勇敢？他们怎么敢来到危险的地面上来？这好比有一只凶恶的狗蹲在树下等待着猫下来。正是因为人类懂得了怎么去使用自己的手来保护自己，所以他们敢于来到地面上生活。他们学会运用手中的石头和木棍来保卫自己，这也是人类手中最为重要的工具。

# 坏了规矩

自从主人公学会了使用石头和木棍之后，他在大自然里面就更加自由，其力量也更加强大了。在他为自己选择住处的时候，也不需要过分地留意周围是否有水果树或者是坚果树，因为他已经有能力去别的地方去觅食了。他现在也有胆在空旷的地方停留很久，在以前，他是不敢这样做的。

就这样，他慢慢地破坏了这大自然的规矩。

从生活在树上到在地上行走。从四肢爬行到最后用后肢站立起来。这一切似乎正顺着一个奇怪的方向发展着。除此之外，他还能够吃一些以前想都不敢想的食物，他们也不按照正常的方式去获得食物。

▲ 现代虎的始祖剑齿虎

自然界里面，每一种植物和动物之间都会有一个锁链将它们紧紧地联系在一起。例如，云杉果仁是松鼠的食物，但是松鼠却是貂鼠的觅食对象，这无形之中就形成了一条食物链。但是，这些动物并不仅仅只有一条食物链，松鼠除了会吃云杉果仁之外，它们还会吃其他食物，例如坚果。会吃掉松鼠的貂鼠，也会被其他的猛兽吃掉。这样也就形成了另外一条食物链了。

我们的主人公也会这样，他们都被不同的食物链联系在一起，他们会吃一些水果和坚果，而一些凶猛的动物，如剑齿虎也会吃掉他们。

现在，我们的主人公力量比以前更加强大了，他们开始挣脱这些锁链的制约，他们会尝试食用不同的食物。当然，他们也不再愿意成为剑齿虎的食物了。

为什么他们会如此勇敢？他们怎么敢来到危险的地面上来？这好比是一只凶恶的狗蹲在树下等待着猫下来。正是因为人类懂得了怎么去使用自己的手来保护自己，所以他们敢于来到地上生活。他们学会运用手中的石头和木棍来保卫自己，这也是人类手中最为重要的工具。

这个时候的人类不再是大自然里懦弱的那一方了。他们不但学会运用手中的工具，还懂得了团体合作来对抗猛兽。除此之外，他们还学会怎么去用火来对抗那些凶猛的动物。

人类好不容易才从树上转移到地面上生活，从森林里走了出来，来到了河谷生活，这也就意味着人类逃脱了自然的枷锁。

那么，我们是怎么知道人类从森林走到河谷的？我们可以从遗迹里面找到答案。但是这些遗迹是怎么保存下来的？虽然足迹已经在岁月变迁中消失不见了，但是我们依旧能够从那些用手留下来的痕迹里面发现一些东西。

在法国松姆河河谷工作的一部分工人在掘地的时候就找到了众多的沙子、砾石以及卵石。松姆河的上游，水流十分湍急。在河水流过的时候，也会夹带着众多的泥沙和大石头。当河水渐渐地缓慢下来的时候，这些石头和岩石的碎片就被泥沙以及淤泥掩埋在河底下。这些工人在泥沙里面找那些被掩藏起来的石头，这些石头和那些由于河水长期冲刷而形成的石头不同，它们的形状十分奇怪，还很尖锐。

当时就有一位考古学家发现了这些奇怪的石头。他就是法国最为著名的考古学家布歇·德·佩尔特。在这位考古学家的家里，我们能够看到众多不同的藏品，这些藏品很多都是在松姆河河岸的地底下挖掘出来的，有猛犸的牙，也有犀牛的角，甚至还有一些洞熊的头骨。这些奇奇怪怪的动物骨头，都给我们说明了一个事实：这些动物曾经在松姆河河岸生活，它们也会像羊和马那样到河边去喝水。

▲ 布歇·德·佩尔特

奇怪的是，布歇·德·佩尔特却没有在松姆河河岸找到古代人的骨头。

为此，布歇·德·佩尔特看到这些奇怪石头的时候，就异常兴奋了。他认为，这一些石头并不是自然形成的，有可能是人类创造出来的工具。他也因此而总结出一个结论，这种石头并不是古代人的遗骨，而是古代人留下的工作遗迹。

为了记录下自己的发现，布歇·德·佩尔特专门写了一本书《创始论——论生物的发生和发展》。这本书一经出版，就受到了各界人士的质疑。他们用不同的观点来攻击布歇·德·佩尔特。其中，有一些当时十分著名的考古学家就认为，布歇·德·佩尔特只不过是一个普通的乡下人，他的发现没有科学依据。为此，这本书的科学性是受到质疑的。除了这一原因之外，布歇·德·佩尔特受到人们攻击的另外一个原因，是由于这本书让人们对宗教中上帝创造人的教义产生了质疑。

即使布歇·德·佩尔特的年纪大了，头发也花白了，但是为了科学，为了证明远古的人类这一个事实，他不断地战斗着。除了写这本书之外，他还写了第二本书，甚至写下了第三本书。

虽然双方斗争的力量并不均衡，但是布歇·德·佩尔特还是胜利了。其中地质学家赖尔和普列斯特维奇都来支持他的观点。这两位科学家还到松姆河流域进行调查研究，他们不但研究了布歇·德·佩尔特收集的东西，还到采沙场里考察了一番。他们最后认为，这些石器的确是属于原始人的，因为在原始人生活的那个时代里，法国是象和犀牛居住的主要地区之一。

在赖尔所著作《人类古代的地质学证据》就成了德·佩尔特观点最为有力的支持。面对着如此强势的一方，那些固守的人也只好说道：德·佩尔特已经不能够发现新的东西，毕竟原始人的石器在以前就已经有人发现过了。

面对着那些固守成见的人，赖尔说道："当科学上有重大发现的时候，有些人就会认为这些发现是和宗教的教义相抵触的。但是，在不久的将来，又会指出这些发现已经是众所周知的了。"

现代工人的铁锹在地底下挖出了古代人类的工具。在众多石器里，最为古老的石器，就是那种两边都被打磨成薄薄形状的石头。当我们发现这种石头的时候，还会发现些石渣以及碎片。科学家们推测，这些东西很有可能是打磨的时候留下来的。这些石器都是古人们遗留下来的。由于当时的人主要是生活在一些河谷和浅滩的地方，所以河流冲刷的时候就会把这些工具带走。

从这些现象我们知道，当时的人已经懂得怎么工作了。当野兽们在寻找食物的时候，人已经懂得怎么用工具和材料来建筑自己的"家"，而野兽根本不知道怎么用材料来制作工具。

# 与生俱来的技能

动物们会懂得什么技能？你们知道它们身上藏有什么技能？是建筑师？是木工？是织工？还是缝纫工？

其中海狸就是一名出色的伐木工，它拥有尖锐无比的牙齿，这是为了锯树。它能够用锯掉的树干制作成堤坝，在河水泛滥的时候，它就用堤坝来抵抗洪水的侵袭。除了海狸之外，森林里的红蚂蚁也是一名出色的建筑师。它们能够用针叶做成一座摩天楼。只要你用木棍去掀开红蚂蚁的洞穴，你就会看到那一层层的建筑物。这个时候你或许会为红蚂蚁精巧的建筑而赞叹不已。

或许你会发出这样的疑问：在日后的某一天，蚂蚁和海狸的建筑物会不会超越人类创造的建筑物？

事实上，这种事情发生的几率微乎其微。因为人与动物之间是有一个很大的差别的。这个差别并不是来自身形上的差异，也不是来自器官上的差异，我们主要说的差异是体现在本质上的。

人工作的方式是与众不同的。蚂蚁建造房子的时候，需要用自己头上的活剪子来剪裁东西。而人类不需要，人类工作的时候并不仅仅只有双手，他们还懂得如何去运用斧子和锹，甚至是锤子来工作的。所以，你在蚁穴里面丝毫不会见到任何的工具留下的痕迹。蚂蚁在挖掘沟的时候也不是用锹，而是用自己的四只脚。两只前脚是它们掘地最好的工具，而后脚则能够让它把土拨到后面，剩下的两只脚则是让它保持身体的平衡。

在蚂蚁居住的洞穴里面，我们能够发现很多的地窖，这些地窖里面藏了众多"活的蛹"，这些"活的蛹"会安静地待在地窖里面。如果有的蚂蚁进入到洞穴里面去碰一下 "活的蛹"，这一些蛹就会动起来了。

这些蛹是除了有手脚，还有胀得很大的肚皮，但是它们会一动不动地悬挂在那天花板的横梁上。当有其他的蚂蚁走过来的时候，一些蜜糖就会从它的肚里面流出来。蚂蚁们就会舔舐这些蜜糖之后，就继续去工作。那些"活的蛹"就会继续睡觉。无疑它们的工具以及器皿是天然的。

除了蚂蚁有活的工具之外，海狸也有。它们并不需要用斧子来砍树，而是选用自己的牙齿。这两种工具都不是它们制造出来的，而是自然赋予它们的。

人们在吃胡桃的时候，会用胡桃夹子来夹胡桃，胡桃夹子就是人制造出来的工具。交嘴雀会用钳子来撬开云杉果，吃里面的果仁，这个钳子并不是它们创造出来的，而是它们把本来就有的喙作为工具来使用。

两者之间的区别在于，人是由于需要而制造出工具，而交嘴雀则是在上千年的生活中，慢慢适应环境而发生身体上的变化。

大家都知道，这些与生俱来的活的工具是不容易被丢失的。但是，这些工具却不利于修理和改良。海狸的门牙会因为年老而变得钝，但是它们是不能够把它的门牙拿去修理一番的；蚂蚁也不可能到工厂里去重新制作它的新脚。

# 用锹代替手

人类形成初期，还没有形成真正的手。这样的人必须随时随地带着这一副出色的"工具"——锹形手。当他需要做其他工作的时候，他的锹形手是非常不方便的。当人死亡的时候，这一双手也失去了它存在的意义，它会随同尸体一起埋葬在泥土中。

如果真的要把这双锹形的手传给下一代的子孙，那也不是不可能的，他们可以把一种畸形遗传给下一代，就像头发的颜色或者鼻子形状遗传下去一样。

如果想要拥有一件自然给予的工具，那么需要具备众多的条件。但是人并没有傻傻地去等待这些新的工具出现，而是用自己的双手来创造出需要的工具。例如刀、斧子、锹等等。

如果人没有木头、铁和钢制造出来的工具，那会怎么样？这样，人和动物就没有太大的区别了。人类都需要用自己与生俱来的双手和那些工具来工作，这些工具使他们会成为一名优秀的掘地工人。如果他想把这门出色的手艺传下去的话，主要借助他们的工具，没有工具那是无法办得到的，比如拥有好视力的人并不能够把眼睛借给别人。

人的祖先留给子孙除了20只手指足趾以及32颗牙齿之外，还有众多不同类型的工具。有长的，也有短的；有粗的，也有细的；有尖锐的，也有弩钝的……就是因为有了这些工具，人才能够在自然界中变得更加强大，以至于其他的动物无法和他比拟。

# 只有人才会这样做

当猿人进化成人的时候，他们并不会做什么，也不会懂得制造出工具，他们只能够利用他们石头一般的指甲以及尖利的牙齿来获取食物。他们经常会在一些河流的浅滩上寻找一些尖锐的石头。

这些尖锐的石头是大自然自己制造出来的，在一些河流漩涡经过的地方就能够找到这些石头的身影，漩涡的拍击和冲刷能够把石头磨削得尖锐。但是，在大自然手中打造出来的石头能够被人类利用的只是那极少的一部分。在万千的石头中，也仅仅有那么几块的石头是有用的，因此人类就需要通过自己的手来打造出工具。他们首先会选取的材料就是石头。

当人懂得怎么去制造出工具之后，人类慢慢地变得独立。他们不再完全地靠自然提供的石头，而是使用自己制造出来的东西。

大自然就像是一个天然的工场，人在这个工场里能够找到自己需要的材料，从而建立起自己的小工场。

石器就是在这些工场里被制造出来的，经过漫长的时间后，人也懂得了怎么去制造出金属，因为他们已经懂得怎么从矿石里面冶炼出新的金属，不需要再去使用天然的金属了，由原来寻找工具到后来的自己制造工具，人的双手越来越灵活，他们也越来越自由，越来越强大。他们慢慢地脱离了自然的控制，向一个新的方向前进。

刚开始的时候，人并不懂得怎么用自己的双手来创造出新的工具。他们只能够在自然里面寻找适合的材料，改变一小部分的形状，让一块自然创造出来的工具工作起来更加顺手。后来他也懂得用一块石头去敲打另外一块石头，这样就能够慢慢地敲击和砍平石头。

考古学家所说的"软砸器"制作的方法就是如此。那些从石头上砸下来的碎片也有别的用处，人们可以用它来刮、刺或切其他的东西。

可是那些埋藏在底层深处的一些古老石器并没有明显地告诉我们历史的事实。因为这些石器和自然中雕琢出来的石器没有太大的区别。为此，人们难以判别出，这块石头究竟是人为制造出来的，还是自然制造出来。因为除了河流之外，石头还有可能会因为热冷而爆裂的。

▲ 旧石器时代的石制工具

我们还是能够通过另外一些石头来了解古代人类的工场以及部分工具。在古代河流的浅滩或者是沿岸处，就能够找到那些被埋藏在泥沙下面的石器。这些石器除了有软砸器之外，还有一些石头的碎片。这些组合起来，就给我们呈现出古代人的工场是怎么样的。

当你认真地去观察这些碎石片的时候，你会发现一些石块边角处会有被敲击过的痕迹。古代人就是根据自己的需要来磨削出它的形状的，这些工具在大自然里面是寻找不到的，需要人去把它制造出来。

大自然做事是不需要按照计划来进行的，它做事也不需要怀有别的目的。河流漩涡能够随心所欲地去磨削任意一块石头。人类的工作和大自然相类似，但是他和自然也有本质上的区别。人类这样做，那必定是有其目的的。

当人类怀有目的去打造出工具的那一刻，人类就踏上了修正以及改造大自然的道路。

人类学会制造工具后，他能够得到更加多的自由，也变得更加有力量。他和别的动物是不同的，因为他不需要在为自然没有给他提供工具而烦恼了，因为他已经知道怎么用自己的双手制造出那原本不存在的工具。

# 传记的开头

如我们要写一部人的传记，那么我们不能够忽视他的出生年代以及出生的地点。现在，我们的叙述已经进入第三章了，但是我们依旧没有明确地说出我们的主人公的出生年代以及出生的地方。

有些地方会把他称呼为"猿人"，有些地方则会把他叫作"古代的人"。那么他会叫作什么？还有些地方则会把他叫作"我们那森林里的祖先"。

现在就让我们一起来探讨一下我们主人公的名字吧。想要弄清楚我们的主人公叫什么名字，那真的不是一件容易的事情，因为他拥有的名字真的是非常多，多得我们都数不过来了。

我们日常接触到的传记，从开篇到结束，我们看到主人公的名字都是一样的。他的名字是不会轻易地发生改变，无论是婴儿时期还是成年时期，或者是双鬓花白的年老时期，那一生下来便被赋予了的名字，到死的那一刻，都不会改变。然而，我们的主人公并不是这样。他在不同的章节中其名字都会发生不同的变化，我们不得不给他换上不同的名字。

▲ 海德尔堡人复原图

有一个时期，人和猿长得十分相似。在这一个时期，他们被人称为是猿人。除了猿人这一个称呼之外，还有人会称他为中国猿人或者是海德尔堡人。

被称为海德尔堡人主要是因为人们在德国的海德尔堡周边地区找到了一块颌骨。科学家们通过这一块颌骨能够判断他的牙齿和野兽有很大的区别，犬齿也不像猿那样子。但其实海德尔堡人并不能够算是真正的人，他的下巴和猿一样，向后缩。

我们的主人公同时拥有了三个名字：猿人、中国猿人、海德尔堡人。除了这些名字之外，我们的主人公会随着时间的发展，不断地向现代人变化着。接下来，他会被人称为尼安德特人[1]，然后会是克罗马农人。由此看来，我们的主人公名字真的有很多。

在这一章的介绍中，我们的主人公是叫做"猿人—中国猿人—海德尔堡人"。在这个时期里，我们的主人公已经懂得去寻找一些材料来打磨出一些简陋的工具。这些工具最后会埋藏在地里。我们能够在一些古代河流的地层里面找到它们的身影。

我们想要知道主人公叫什么名字，并不是一件容易的事情。更不要说是知道他的出生年代了。即使我们不能够准确地说出我们的主人公出生在哪一年，也不能够知道他是在哪一年进化成为人的。但是，我们能够知道一个大概时间，就是大约100万年。

---

1 尼安德特人：1856年德国杜塞尔多夫尼安德特发现了古代猿人从而命名。现在对继猿人阶段之后的古人阶段所有化石人类的总称。

最让我们感到困难的是，我们不能够准确地知道我们的主人公出生在什么地方。

我们会寻找主人公老祖母居住的地方，因为人、黑猿以及大猿是由它演变而来的。科学家会把这种猿叫做是森林古猿。但是，我们深入研究之后发现，森林古猿也有众多不同的种类。我们在中欧能够发现它们的身影，我们在东非也能够找到它们的印迹，即使到了南亚，我们依旧能够看到它们留下的遗迹。

近些年来，我们还能够在南非找到一种古猿的骨骼。这种古猿是使用后肢来走路。它们生活的环境也从森林里，变成是居住在一些空旷的地方，我们把它命名为"南方古猿"。

▲ 人类头骨的演变

补充说明一下，在亚洲找到的骨骼是猿人以及中国猿人，而在欧洲找到的颌骨，则是海德尔堡人。

你了解了这些东西后，你知道人的故乡是在什么地方？是在哪一个国家？甚至说在哪一个洲？这都难以断定。

我们可以从发现最早的石器的地方去考虑，大家都知道，当他学会制造工具的时候，他才真正变成人。

# 人获得时间

很多人都了解，铁要怎样才取得，也知道煤要怎么做才弄到；火要怎么样才得到。但是，大家知道怎么样才能够获得时间？很多人都不知道该怎么回答这个问题吧！

但是在很久之前，人就已经懂得了怎么去获得时间了。他们懂得怎么去制造新的工具，从而让他们有了新的事业，那就是劳动，即使这样，劳动也是需要花时间的。想要制造出一件石器，那就得寻找到一块合适的石头，这块石头并不是那些随处可见的石头。

坚硬的燧石是制造工具最好的选择，但是燧石并不是什么地方都可以找到的，想要找到那些坚硬的燧石，就需要花费很长的时间去寻找。有的时候，即使用整整一天的时间，也未必能够找得到。这个时候，为了制造工具，人们不得不去寻找一些替代品，例如是用一些不太坚硬的燧石来作为材料，或许是一些砂岩和石灰石。他们找到这些材料的时候，已经比较满足的了。

如果我们设定他们已经找到了一块合适的石头，那么他们就需要把这块石头制作成他们喜欢的形状。想要给石头打造出形状来，那就需要用另外一块石头来打制。无论是寻找石头，还是在打制磨削上，都是需要花费时间的。有的时候，他们需要花费更加长的时间去打磨这些石头，这也是因为当时人的手指并不如现代人的手指那样灵活。毕竟他们才刚刚懂得怎么去工作。

现在我们用钢材来锻造出一把新的斧子所花费的时间，或许比那个时候制造一件粗糙工艺的石头砍砸器所用的时间还要短得多。

那么，那个时候的人是从什么地方取得到时间的呢？

那个时候的原始人并没有很多余暇的时间，他们每一天都徘徊于森林和空旷的地上。他们在森林里面行走，为了找到食物来填饱肚子，他们也需要找到更加多的食物给家里的孩子。采集食物、进食和睡眠就是他们生活的全部，他们每天都需要吃大量的食物来补充失去的能量。

当时的原始人选择食物的范围很少，浆果、坚果、蜗牛、老鼠、嫩树芽等等都是他们选择的范围。有的时候，他们还会选择去吃树木的根部或者是一些昆虫的幼虫。这些东西真的能够填饱他们的肚子？

当时的人在森林里面觅食的身影，和鹿群十分类似，他们经常会去吃地上的苔藓。

既然当时的人经常都是处于一个觅食和进食的状态中，他们哪里还会有时间去制造工具？但是工作有一个奇怪之处，它虽然需要花费时间，也会在耗费时间的同时给予时间。这又怎么说呢？

如果别人需要花费 8 个小时的时间才可以完成的工作，你仅仅花费了 4 个小时的时间，就已经完成了，那么你就赚取了 4 个小时的时间了。当你拥有了一件可以让你节省下更多时间的工具时，那么你就赚取到了更多的劳动时间。

▲ 新石器时代的工具

这一取得时间的方法，在当时就已经被古代的人找到了。

他们会花费很长的时间去磨削好一块石头。在日后，这块石头就能够让他更加容易地找到食物，比如是挑出树皮里面的幼虫。

除了石块之外，他们

还会用石头来削尖一根木棍。他们能够用木棍来捕捉小兽，也能够用它来挖掘出土里面的食物。

当人有了这些工具之后，他们的工作就变得轻松起来了，采集食物的时间也大大地缩减了。如此一来，人就有更加多的时间去工作，在一些空闲的时候，他们就会制造工具。他们需要一些更加尖锐、更加坚硬的工具。当他们制造出一种新的工具后，那就意味着他们能够获得更多的食物，也能够获得更加多的时间。

有了工具，人打猎也变得轻松一些。肉能够给他补充很多的能量，也能够让他节省下很多采集食物的时间。但是，刚开始的时候人并没有很多的肉可以吃，即使他们有了木棍和石头，也不能够用它去打死大的野兽，而那些小型的动物却不能够满足他们的需要。

因此，这个时候的人还算不上是猎人，只能够算是一名采集者而已。

## 作为采集者的人

在现代生活中，我们可以成为一名采集者。在闲暇的时候，我们或许会到树林里去消磨时间，偶尔也能够在树林里找到一些褐色的蘑菇，当你把手伸入到青苔里面时，可能会找到蕈。

那你设想一下，你天天都在森林里面徘徊，寻找着食物。每天采集到的东西就是你今天的晚餐，那么你能够吃得饱吗？或许你幸运地找到很多的蕈带回家里，但并不是什么时候都是如此幸运的，或许会因为天气的原因，即使在森林里面蹓跶一整天，也找不到任何食物。

曾经就有一个 10 岁的小姑娘，她每一次去森林采集的时候都会信誓旦旦地说：“我一定会采集到 100 个蘑菇的。”事实上，她每一次从森林里面归来的时候，都没有带什么东西回来。假如她的家里没有其他的食物，那么等

待着她的命运，将会是饿死。

　　想要在古代成为一名采集者，那是一件十分困难的事情。因为他们在采集食物的时候需要用掉很多的力气，他们需要吃掉的食物也很多。他们若不想被饿死，那只好降低对食物的要求。

　　虽然，他们还是需要忍受着挨饿，但是相对于以前生活在树上的祖先来说，他们更加自由，更加有力量了。

　　就在他们日夜在生存边缘徘徊的时候，地面上即将迎来一场可怕的灾难。

# 第04章

## ·鲁宾逊的真面目·

　　人在很早以前就已经挣脱了这只隐形的手的制约了。当人懂得怎么去制造出工具来捕猎新的猎物的时候，他们不再想要过以前那样的生活了。人对自然的需求更加大了，土地也能够养活更多的人了。人想要获得更加好的生存条件，就需要他们去捕猎大型的野兽，为了获得更多的野兽，他们不得不走到更加遥远的地方去。

# 天降灾难

直到现在，科学家们还不知道为什么北方的冰川会向南方移动。这些冰川会流过丘陵与山谷。它们经过山坡的时候，就会在山坡表面留下一道道的沟痕。它们会把山峰削平，也能够让岩石碎裂与磨光。除此以外，当它们流经山坡的时候也会携带走很多的碎石头。经过漫长的"奔腾"，这些冰的河流就会给自己挖掘出一条条的河床。

冰川似乎就是一名侵略者。它们不断地从北方奔腾而出，从山间盆地以及峡谷里面流出来，它们最终会和其他冰川汇合。这样的运动千年不停。

现在，我们依旧能够在地球上各个地方看到这些冰川开凿出来的道路。或许，你在丛林里面看到一块大大的石头，这块石头是怎么孤零零地出现在森林里面的？这就是因为冰川搬运的结果。

▲ 北欧冰岛的冰川

冰川向南方移动这个活动也不是第一次发生了。但是，之前的移动都没有如此远地推进。冰川向南方推进这个活动，我们可以找到一个例子，比如俄罗斯的斯大林格勒和第聂伯罗彼得罗夫斯克等地方。在西欧，我们也可以在德国中部地区的山脉里面看到这些活动迹象。在美洲，我们还能够到五大湖南方地区了解一番。

冰川移动得十分缓慢，即使是生活在发生地的人，也不会明显地感觉到冰川在往南移动。但是，生活在海里的生物却是第一个能够感觉到冰川气息的。

当陆地上依旧是长满月桂树和玉兰树的时候，陆地上的动物没有明显地感觉到气温的变化。但是生活在水里的动物就感觉到海水在慢慢地变冷了。当寒流袭来的时候，除了会让海水变得冰冷之外，还可能会夹带着部分的碎冰块。

如果你想要找得到这些现象的证据，那不妨到沿海岸的底层去观察一番。当陆地上依旧是生活着南方象和犀牛等喜温的动物的时候，海里面的动物已经在搬家了。我们能够在一些底层里面找到很多只能够生活在冷水里面的生物化石和贝壳。

# 森林战争

陆地上的温度越来越低的时候，冰川正一步步地逼近。北极的冰块往南移动的时候，也会让冻土地带以及北方的针叶树林一并带着南移。这样就会引发一场冻土地带与大密林的斗争，也从此拉开了森林大战的帷幕。

即使是我们现在生活的年代，森林依旧是不断地作战着。例如，云杉和白杨就是天生的对头。因为云杉喜欢生活在阴暗的地方，而白杨则相反，它喜欢生活在阳光里。

在森林里面，云杉会生长在白杨的阴影下。但是小的白杨树则不能够在浓荫的云杉林里面生长。因为这个地方太过阴暗了，没有充分的阳光。如果这个时候有人帮白杨把云杉树移走，那小白杨就能够迅速而健康地成长起来了。

如果真的有人这样做的话，那这里就会发生巨大的变化。那些原本生活在云杉脚下的青苔就会枯萎死去。如果大的云杉没有了，那小的云杉也不能

够生存下来。因为小云杉是生活在大云杉树的阴影里面的。面对着那强烈的阳光，小云杉树将落得枯萎的下场。

这个时候，白杨就会在森林里面占据到一个重要的地位。它战胜了云杉，成为这一方森林里的主人。但是，随着时间的流逝，森林里也会发生变化的。当白杨树长得越来越高的时候，它的树冠也会变得更加的浓密而苍郁。这个时候，它的脚下就会生长出其他的树。或许白杨还在为自己的胜利而高兴着的时候，等待着它的，很有可能就会是死亡。

人是不会消灭自己的影子的。但是这句话放在森林里面，就有些不适宜了。在森林里面，云杉是生活在白杨的树荫下的，越是阴暗的地方，它生长得越健康、越苗壮。时间久了，云杉的树梢就会比白杨树还要高。当白杨树被云杉完全地遮挡住了阳光的时候，那将是白杨树的末日，因为它会在这个缺乏阳光的环境里，慢慢地死亡。在这个时候，云杉就会占据了白杨的地位，在森林里面更好地生长。

当人进入森林进行采伐的时候，就会看到这场战争。

冰川时代的寒冷会影响到森林里的植物，并且会引发更加激烈的战争。

寒冷的气候会让那些喜温暖的树木无法再在这里生活下去。北方的植物不断地侵占森林，其中以松树、云杉树为代表的树木就会向槲树和菩提树发出挑战。在这场战争中，槲树和菩提树将会战败，并且慢慢地向南方移去。原本生活在森林里面的月桂树和玉兰树也会被赶出森林。

仍旧会有有一些树种能够熬过那寒冷的气候，在这个恶劣的环境中艰难地生存着。但是，它们终会因为抵御不了那寒冷的气候而慢慢地枯萎死亡。那些耐寒的植物就会侵占这一带的地盘，并且苗壮地成长着。

山地、盆地就会成为那些喜欢温暖的植物的堡垒。但是，冰川、寒冷依旧会慢慢地逼近这些堡垒。旧冰川会移动到这些堡垒周围的地区中，云杉和桦树也会步步逼近这一些地区，打算进一步侵略。

森林的战争持续了上千年的时间，那些被击败的军队只能够选择不断地向南方迁移。在这场森林的战争中，除了植物受到影响之外，那些野兽居民也会出现不一样的变化。因为野兽和树林是休戚相关的。当森林因为砍伐而变得光秃，或因为火灾而变得荒芜的时候，原本居住于森林里面的居民，有的会搬迁到别的地方去，有的会因此而死亡。当云杉林被砍伐掉的时候，依附着云杉林生存的交嘴雀和戴菊莺一类动物也会随同云杉林而消失。原本生活着云杉林的地方，就会出现新的树种——白杨树。那些依附着白杨树生存的鸟兽也会出现在森林里。

森林里的战争从来没有停止过。或许经过多年的战斗之后，云杉林又能够战胜白杨，从而在这一片土地上建立起自己的领地。这个时候，戴菊莺和交嘴雀等动物也会重新出现在树林里。森林不断地在毁灭和复兴之间徘徊着。植物和动物之间是有关联的，它们共同形成了一个不可以分割的世界。

原本和温暖森林一起生活的居民也会因为这冰川时代而消失不见。在森林里，找不到古代巨象的身影了，犀牛和河马都搬迁到南方去了。即使是剑齿虎，也消失不见了。

除了巨兽会消失之外，很多的鸟兽都会出现迁徙。由于寒冷的气候，导致很多的植物都枯萎了，那些依靠植物果实来生存的生物就无法继续再在这里生活下去了。食草动物的死亡也意味着食肉动物的食物会越来越少，那么它们也终会死亡。

被"食物链"控制着的动物们，无法挣脱出这一条枷锁。当森林要毁灭的时候，等待着动物们的，也将会是毁灭的结局。如果野兽们不想随着森林的毁灭而毁灭，那么它们必须要挣脱出食物链的制约。它们需要去尝试吃另外的食物，也需要改变自己，让自己更加适应这新环境。

对于南方的动物来说，北方森林是一个十分恶劣的生存环境。

▲ 披着厚厚毛发的猛犸象

面对着一些北方动物的入侵，南方动物只好不断地向更南的地方迁移。来自北方的动物长着厚厚的毛，例如洞熊、洞狮或者是猛犸象等动物。它们来到新的森林里丝毫不觉得陌生，反而十分自由自在地在森林里面生活。因为它们有着厚厚的毛层，为此，它们不惧怕寒冷的天气。除了有毛来抵御寒冷之外，它们还学会窝在洞穴里面躲避寒冷的侵袭。

在森林里面，北方的动物们总是能够找到食物来补充能量。原本居住在森林里面的居民总有那么几种动物是能够在这恶劣的环境中生存下来的，它们会为了生存而和这一些新来的居民展开斗争。

那么，人是怎么去应对这一些新的变化的？

即使气候不断地变冷，但是温暖地带的的气候依旧十分适宜人生活。但是生活在寒冷地区的人却没有那么幸运了，他们要面对冰雪以及可怕的冬天。

危险无时不在，饥饿、寒冷以及野兽都会威胁他们的生命。他们或许会为了取暖窝成一堆。但是，他们依旧抖索着身子、颤磕着牙齿，抵御寒冷的侵袭。或许在这个时候，人就以为世界末日将会到来了。

# 世界将会灭亡

有关世界末日的语言已经不止一次地出现在人类的历史中了。

在中世纪的时候，当人们看到彗星出现在空中时，就会认为是世界末日要到来了；当人们遇上了鼠疫或者是一些重大的传染性疾病的时候，他们会认为世界末日将会降临；当人们遇到了饥荒或者是战争，他们就会惶恐地说道："世界末日已经到来了。"

事实上，世界末日没有到来。

现代我们都知道，彗星出现并不是预言未来，而是按照固定的轨道围绕着太阳运行着。它哪里还会管得着人们为什么对它产生这样迷信的想法。

众所周知，饥荒和传染病都不会是世界的终结。如果我们知道这些灾难出现的原因，那么我们就能够找到应对的办法。

除了愚昧和迷信的人会预言世界末日之外，还有部分的科学家也会对未来进行预测。他们会认为，燃料用尽了，人类就会灭亡，他们用数据来证明自己的论断。的确，地球上所储存的煤是有限的。煤总有一天会被用尽的，森林也会因为过度地砍伐而变得稀疏。石油能够支撑人类继续使用的时间，都不到 100 年。当地球上的燃料都用尽了，工厂的机器就会罢工了；火车也因为没有了燃料而停止运行了；灯也因此而熄灭了。绝大部分的人会因此而被活活地冻死或饿死。从此，现代的人就会重新变成野蛮的人。

燃料总有一天会被用光的，但是，这真的意味着是世界末日？

不！

地球上的热和能量的来源并不只有燃料这一个途径。大家都知道，地球上的能量主要是来自太阳。或许在未来里，我们会用太阳来驱动火车，让太阳来照亮黑夜的街道，也能够叫太阳来转动机器的轴。在这个时候，我们已

▲ 假如地球又一次迎来冰川时代，我们能否在冰天雪地里生存下来

经有一座太阳能发电站了。相信在未来不远处，我们就能够真正地运用太阳能了。

但是那些悲观的人总是会找出一些东西来反驳。他们认为，太阳终有一天会变冷的，它也会有不再发光发热的时候。或许在几百年之后，我们看到的太阳不再耀眼，它的温度也会不断地下降。那个时候，地球就会变得更加的寒冷。冰川也会让地面上的建筑都消失不见的。到时候，白熊会出现在热带雨林的地方。到了那个时候，等待人类的，也只是死亡。

假设地球真的又一次迎来冰川时代的话，那真的是一件十分糟糕的事情。但是，我们的祖先都能够在冰天雪地里面生存下来了，难道我们现代人类就不可以了？我们比起祖先来说，拥有了现代的科学技术，也比远古时代的人更加具有力量。那时的我们，真的没有能力在冰天雪地里面生存下去？

我们或许也能够预测到，人类将会怎样去面对寒冷。他们能够用一种原子能的物质来创造新的太阳光。因为原子里面的能量是无穷无尽的。我们只需要把它运用到生活中去，那么我们的生活就会变得更加美好。

话题扯远了，我们现在还是谈论我们的主人公——原始人吧。

# 世界 的 开端

如果人没有逃离自然森林对他的束缚，那么当森林世界快要毁灭的时候，等待人的命运也将会是毁灭。可是，世界并没有因此而遭到毁灭，它正处于一个不断变化的阶段中。当旧的世界即将要结束的时候，新的世界也将会到来。

但是，若要在这个新的世界里面生存下来，人就要学会在这个世界里改变自己。想要在这个新的世界里找到以前吃的食物，那是十分困难的事情。为此，人需要去寻找新的食物。在过去，人吃的食物都是那些多汁的水果，所以他们的牙齿并不适应吃云杉与松树的果实，因为这些果实太坚硬。

当寒冷的气候赶走温暖的气候，人类就要学会慢慢适应这种环境。若要在这么短暂的时间里面完全适应，除了人类，再也找不到还有什么其他生物能够这样了。

▲ 原始人猎杀猛犸象

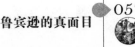

即使是人类的敌人剑齿虎，也不能够像人那样有一身蓬松的毛皮，因为人类能够把熊的皮剥下来，然后让自己披上去。

人除了会剥动物的皮之外，他还懂得怎么去生火堆。这个时候的人，已经懂得利用自然里面的东西来让自己更好地生存下去。他们能够改造自己，也能够改善自然。这一切的改变，都是为了能够让自己生存下去。

即使现在距离那个时代已经有好几千年，甚至更久远，但是我们也能够知道人改变了自然的什么。同时，我们也知道人为此让自己发生了什么样的改变。

# 由石头编写成的书

我们可以把土地比喻成一本书，这本书就被我们踩在脚下。书里面的每一页，就是每一层地层。我们居住的地方就是这本书的最后一页。想要翻看书最前面的几页，那我们或许需要到大洋的底部去。如果真的想要看书最前面的几章，那真的不是一件容易的事情。我们只能够通过其他的事物来推测这本书究竟写了什么东西。

我们可以比较容易地看到书最后的几章。因为，这几章距离我们十分近。书中，有一些章节已经被大火燃烧过了。我们并不能够看到里面的内容，但是我们却知道地层里的熔岩有什么样的变化。我们也能够通过这些书页，知道地壳的升降运动。在书页里，我们还能够找到很多的痕迹。有一些痕迹是海里面的贝壳留下来的，也有一些章节呈现出黑色，那就是煤组成的，它深深地埋藏在地层里面，于是我们能够通过它看到煤形成的历史。

在这些地层里面，我们还能够看到很多插图。在这些插图里面，我们会找到树木和野兽的痕迹，在这些野兽出没的地方里，就有大片的树林，当树林枯萎之后埋入地下，就会慢慢地变成煤。

我们能够一页一页地去浏览，可以看到地球的历史变化。我们在翻阅这本历史故事的时候会发现，它的主人公并不是这本历史故事里面的主人公，他只是在书的后半部才出现的。相对于一些巨型的古象和犀牛，人就像是尘沙那样的渺小。但是在书的后半段，我们慢慢地看到一个小配角的重要性。他们勇敢地向自然发出挑战。他们也从一名小小的配角成为这本书的主人公。他甚至还成为它主要的著作者的一员。

在这一些河流阶地的截面里，我们还能够看到一条黑线把地层划开。这条黑线是木炭绘画出来的，但是在地层里面为什么会出现这样的木炭？难道这里曾经是一片茂盛的森林，或者曾经遭遇到大火的焚烧从而形成的？可是这一条木炭线很短，只有像篝火才能够弄成这样的。但是有什么动物能够弄出篝火？只有人类才会。

我们甚至能够在这些篝火的周围找到其他的痕迹，例如是石器以及一些野兽的残骸。这就让我们知道了，远古的人就是利用这两种东西，在那恶劣的冰川时代里生存下来的。

# 从树林里 走 出来

在这严寒而恶劣的环境里，人根本找不到什么可以吃的食物。人也不再满足于通过采集来获得食物。人也开始去捕捉一些会逃跑、会躲避，甚至是会反抗的动物。通过吃它们的肉，人类能够获得更多的能量。在这个严寒的地方，他们能够填饱肚子，也能够因此而获得更多的力气去工作，他们的狩猎技术也慢慢地熟稔，捕获得到的食物更多了。

这个时候，人的脑子发育得更快了。他们会更用心地去制造新的工具。这也是为了让他们狩猎到更加多的猎物。在南方，狩猎已经成为人不可或缺的一部分了。而在北方，如果你不狩猎，那你就根本不能在这里生存下去。

小型的野兽已经不能够满足人的需要了，他们需要去狩猎更加大型的动物，这主要是因为，恶劣的生存环境导致他们不得不去获取更多的食物。当遇上了恶劣的气候，他们就需要把那些储存起来的食物拿出来食用。

　　有很多的野兽生活在森林里。除了有鹿群之外，还有野猪。但是，这些野兽只是小型的野兽而已，想要狩猎到更加大型的动物，那就需要走到草原上去。在草原上，能够看到马群，还能够看到野牛的身影。除了这些，还有更加巨型的野兽——猛犸象。当这种动物经过的时候，就连大地都会发生剧烈的振动。

　　在原始人看来，这些动物就是移动的食物。它们的身子，它们的肉香，不断地吸引着人去猎杀它们。人也因此慢慢地走出森林，去狩猎这些动物。

　　当人为了追逐狩猎群而走得越来越远的时候，他们已经完全地走出了森林。即使在距离森林很远的地方，我们依旧能够发现篝火残留下来的痕迹。这些地方不可能会是采集人居住的地方，因为这里没有食物供他们采集食用。

# 人离不开集体生活

　　距今为止，我们在苏联很多地方都发现了古代猎人的宿营地。这些宿营地里面，还能够找到很多石器和火堆灰烬残留下的痕迹，甚至我们还能够在这里找到一些被猎杀之后的野兽的骨头。这里有马的肋骨，也有野牛的头骨，还有野猪的牙齿。这些骨头占据的面积很大。这样看来，古代人在这里生活也颇具有历史了。

　　奇怪的是，在人类居住的地方，我们除了能够找到马、野猪等动物的骨头之外，我们还能够在这里找到一些大型野兽的骨头。这也包括了猛犸象的骨头。它们的牙齿就像是一把巨型锉刀的样子，它们的身躯也是十分的庞大。

在距离沃罗涅什不远的地方，我们还找到了更加多的猛犸象骨头以及其他动物的骨头。人们因此把这里命名为"骨头村"。

如果要杀死这些大型的野兽，需要人鼓起多大的勇气，他们需要有多大的力量才能够成功。他们会把猛犸象的肢体分开来，这样才方便他们把它们运回到营地里面去。搬运猛犸象的尸体也是一件重活，因为猛犸象的一条腿就接近一吨重。那些猛犸象的头骨甚至能够成为人们居住的地方。这样巨大的怪兽，人是怎么把它杀死的？

想要得到这些野兽，那么他们就需要拥有尖锐的武器以及更加优良的工具。他们开始打磨石刀或者是一些石矛，制作这些石刀的工序十分的繁复，不但需要把石头的外层削去，还需要把那些凹凸不平的地方打磨好，这样才能够制作好石刀。

▲ 原始人的生活

 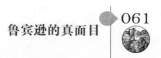

想要制作好一把石刀，先需要寻找到合适的燧石。寻找这些燧石也是需要很长的时间，这件工具需花很多的心思才能够制作好，因此他们不会随手就扔掉。当人懂得去珍惜这些工具的时候，也说明了人在珍惜自己的劳动成果以及珍惜自己的时间。

但是，即使人类再去努力地打磨这一些石头，它们也不会成为最为尖锐的武器。在狩猎巨兽的时候，也未必能够完全地制服它们。因此，人就需要想出特制的办法去对付猛犸象。

当时的人已经懂得怎么去团结合作。他们除了会一起工作，制造出打猎的工具之外，他们还会共同打猎，一起取火。人类社会之所以会进步发展，离不开人类的共同合作以及辛勤的劳动。他们用智慧创造出了科学和文化。不然，单独行动的人也仅仅是一只野兽而已。

正是因为集体的生活，才让他们顺利地从野兽变成人。

在小说里，鲁宾逊能够不依靠别人的帮助来完成工作。事实上，这样的人是不会存在的。如果古人不是靠群体生活的话，那么人就不可能会进化成为人。

◀ 在荒凉的孤岛上，鲁滨逊的艰难生活

笛福笔下的鲁宾逊原型是一名煽动暴力的水手。他煽动失败之后，被人禁锢在一个无人的海岛上。在这个岛上生活了多年之后，当人们寻找到他的时候，他已经不懂得怎么去说话了。甚至，他已经不能够再算是人了，而是一只野兽。

人想要独自一人去生活，那是十分艰难的一件事情。那么原始人又怎么会独自生活？

他们会变成人的一个原因，就是因为他们的劳动是共同完成的。无论是居住生活还是打猎制造工具等等。这些工作都是大家一起来完成的。

他们需要用整个部落的人去捕猎猛犸象。他们使用的长矛也不再只是单根的，而是几十根的长矛一起攻击猛犸象。除了有众多的手一起帮忙之余，他们还会用这几十个脑袋一起思考。

即使猛犸象的体型十分庞大，但是人依旧能够战胜它们。

人会采用火攻来战胜猛犸象。他们会放火来燃烧这一整个草原。当猛犸象看到这熊熊大火的时候，它们就会惊慌地逃窜。猛犸象能够轻易地用脚来踩死人，但是人也能够用自己的智慧来攻击猛犸象。当猛犸象逃跑到了沼泽地的时候，它庞大的身躯和重量就会成为它的累赘。它不断地在泥潭里面挣扎，但是这也只能够让它陷得更深。人就会在这一个时间段里，打死猛犸象。那么人是怎么把这一巨型的东西运送回家的？

他们的家就在河流的岸边。但是一般都是选择在一些高高的地方。想要搬运这只大型的猛犸象，就要花费几十人共同努力。他们会用石刀来切割猛犸象的身体。他们把猛犸象的肢体都分割下来，然后一部分一部分地往家里运去。

当他们筋疲力尽地把猛犸象运送回家里的时候，营地里面的族人就会举行盛大的欢迎仪式。因为捕获到一只猛犸象并不是一件容易的事情。如果成功地捕获到了猛犸象，那就意味着他们好长一段时间都不需要担心食物的问题了。

# 人和动物之间的斗争结束了

当人能够战胜大型的野兽的时候，人和动物之间的较量也慢慢地落下了帷幕，人在这场斗争中成为战胜者。随着时代不断地前进，人的足迹也慢慢地遍布了地球上任何一个地方。人的数量也越来越多，他们可能会住满整个地球。

世界上没有哪一种动物会像人这样。我们能够预测：未来某一天，兔子的数量和人的数量一样多？这样的假设显然是不实际的。

如果世界上真的有 20 亿只兔子，那么地球上就没有这么多的食物来满足它们的需要。当兔子的数量上升了一倍的时候，狼的数量也会相应地上升，它们之间似乎就是相互在牵制着。这也就说明了，动物的数目是不会无限地上涨的，自然里有一只隐形的手在控制着它们。

但是，人在很早以前就已经挣脱了这只隐形的手的制约了。当人懂得怎么去制造出工具来捕猎新的猎物的时候，他们不再想要过以前那样的生活了。人对自然的需求更加大了，土地也能够养活更多的人了。人想要获得更好的生存条件，就需要他们去捕猎大型的野兽，为了获得更多的野兽，他们不得不走到更加遥远的地方去。

这个时候的人已经不会再去采集植物的根茎来吃了。他们知道，动物的肉也是能够吃的。野兽会在草原里吃青草，这么多大型的动物消耗的青草数量也是十分的庞大的，当它们吃了这些食物之后，身体就会长大，庞大的身躯内，有多少的肉啊！人打死了这些动物之后，就能够食用它们的皮肉，这些皮肉为人提供了物质和能量。

当人面对着暴风雨和大风雪等恶劣的天气时，他们就需要更多的物质和能量来支撑着身体。他们在这些恶劣的环境下是没有办法出去捕猎的，因此他们需要把一些食物储存起来。

　　人类为了获得更多的食物，就会走到更加遥远的地方去。当他们懂得猎杀猛犸象的时候，这些猛犸象的肉就成为他们的食物。这么多的猛犸象的肉是不能够随时带着迁移的。所以，他们就改变了随处而安的生活习惯，慢慢地在一个地方定居下来。

　　除了这个原因之外，人还因为寒冷和风雪而定居下来。他们的家需要有一棵树或一个洞穴来为他们抵御风雪，即使他们不害怕猛兽了，但是他们依旧会惧怕那恐怖的寒冷天气。

# 人类创造出 新 的世界

　　想要在这个寒冷的世界里面生存下去，人不得不去建造一个温暖的世界，让自己取暖。他们会在一些洞口或者是岩石的下面来建造自己的家。除了选择地址非常重要之外，他们还会使用兽皮和树枝来搭建自己的家，让这个地方没有风雪的肆虐，也没有雨水的侵袭。他们还会在家里生起火堆，让这个山洞变得更加明亮，即使是没有太阳的黑夜里，这里也能够有火光在照耀着；

▲ 原始人的生活

即使在风雪交加的天气里，这里依旧温暖。这里似乎就是人类创造出来新世界。

 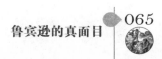

我们能够在一些骨头村里寻找到很多的坑。这些坑里面有熏黑的石头，也有一些支撑小屋顶棚的"天穹"。经过岁月的洗礼，这些墙壁很多都已经倒塌了，一些石头也碎裂了。我们还能从这些遗迹里面，推测到以前这里是什么地方。

　　这里不但有残留下来的石刀和刮削器，还有一些动物的骨头以及一些火塘留下的灰烬，这些都已经被尘土给遮掩住了。当我们走出了这个屋子后，我们就无法寻找到那些古人留下的痕迹，也不能够找到任何古人留下的工具。直到现在，这个由人类创造出来的新世界依旧被无形的墙给阻隔开来。

　　我们能够在这里找到很多原始人留下的劳动结晶。这也告诉我们一个事实，即使旧的世界已经成为过去了，但是人类并没有随同旧世界消失。相反，他们能够利用自然为自己创造出一个更新的世界。

# 第05章

## ·信号的传播·

在人们交流不是很频繁的时候，简单的手势也能够沟通交流。人们就是通过手势来传授经验的。但是随着劳动越来越复杂，手势也变得繁多了。不同的东西都需要有不同的手势来表达。想要表达清楚这件东西，人们还需要形象地描绘出来，甚至是把这件东西模拟出来。这个时候就创作出了手势图画。

# 古代之旅

古代人在狩猎野牛和猛犸象的时候，最为常用的两种工具分别是：外形像三角形的大块石头。这种石头很重，两面是十分锐利的；另外一种工具就是小块的长石片。这两种工具都有各自不同的作用，不然人也不会把它创造出来。

两种工具都有一个共同点，那就是它们都非常锐利。这也让我们推测出来，这两种工具都是为了切东西的，也有可能会是用来砍东西的。

大块的工具显然是用来做一些比较粗重的活，人们在使用这些工具的时候，也需要花费很大的力气。那么，他们会用这些工具来做什么？

如我们回到遥远的石器时代，我们就能够了解到这些石头工具是用来做什么的了。

在澳洲，我们能够发现，这些工具还在运用。这也就是说，我们跨越空间的阻碍，来了解一下古代人是怎么生活的。在澳洲的一些地区里，有人还保存着这些石器。我们可通过他们，来看看古代人是怎么干活的……

▲ 澳洲土著人

当我们穿越这片荒芜的草原后，我们就能够寻找到澳洲猎人的宿营地。他们会在这隐秘的地方，用树皮和树枝来搭建自己的家。在这里，我们能够看到小孩子们在嬉戏，而男人和妇女则会在田地里干活。其中，有人正用一把三角形的石刀来切割袋鼠的皮。正是这一件石器，让我们千里迢迢地来到这里。

我们也能够看到妇女们在用一支细小的石头片来缝制兽皮衣。我们一心想要了解的两样工具，都在他们的手上。直到现在，他们依旧在使用这些工具。

但是，现在的澳洲人和原始人有很大的差别。原始人不知道要经过多长的时间，才能够进化成为现今的澳洲人。现在澳洲人使用的工具已经有相当长久的历史了。

这些古老的遗物也给我们解开了一些疑惑。澳洲人使用这些遗物正是我们最想要寻找的答案。大块的三角石是给男人狩猎用的，而小块的小刀则是女人常用的工具。不同工具有不同的作用。这也为我们说明了，在古代，人就已经懂得怎么分工合作了。想要获得更多的粮食和猎物，人就需要懂得怎么去安排工作。男人狩猎野兽，女人则需要建造茅屋以及缝制衣服。除了男人和女人之间的分工之外，老人和年轻人之间也有分工。

# 拥有古老历史的学校

任何一种工作都是需要掌握其技巧的，这样才能够让我们更好更快地完成这项工作。但是，这些技巧并不是上天赋予给我们的，我们需要通过传授和实践，才能够获得技巧。当木工创造出一种新的工具的时候，他一定需要知道这件工具有什么样的作用，比如是斧子用来砍树木，锯子用来锯木板，刨子用来刨木材……

如果研究地理的人需要去周游全世界。他们需要走遍地球上的任何一个角落，他们需要把地球上所有的海峡都测量一遍，即使这人有上千年的寿命，也不会完全地了解清楚全部。

为此，人需要学习。新一代的人需要向前辈们学习经验，前辈们也需要

给后辈传授知识和学问。在很久以前，16 岁就能够成为传授经验的教授了，但是今天，16 岁还是中学阶段的学生。

我们需要用十几年的时间待在学校里面学习。或许在未来，孩子们用来学习的时间会更加长。科学上有新的发现，那么我们需要学习的内容也有所增加了。过去，我们只有一门物理学，但是现在，我们有了地球物理学，也有天体物理学等等。化学也衍生出了生物化学、农业化学等等。新的知识被不断地发现，科学不断地发展着。我们需要学习的东西更加多了。

在石器时代里，人们并没有这么多的科学，但是他们需要给后辈传授经验。当时人的工作十分单一，需要学习的知识也很少。但他们需要学习追踪野兽的技术，需要学习缝制兽皮的技术，也需要懂得怎么去建造茅屋等等，这些东西都是需要人去学习和研究的。

这些技术都不是自然赋予给人的，人是通过后天的学习而掌握到的。从这一点上看，我们也能够知道人类已经远远地超越了动物。

动物自出生开始就有活的工具了。它们也有自己擅长的一门技术——毛色以及体型。但是这些都不是动物自己学习而掌握到的。这一切的技巧都是从父母那里继承下来的，猪即使不去学习，也懂得怎么拱地，因为它有一个拱地的鼻子。刚出生的鸭子就懂得去捉苍蝇来吃；雏鸟能够自己飞行到其他地方去，到了秋季就懂得要迁徙到南方。这一切都不需要教导，因为在动物的世界里面并没有学校让它们去学习。或许动物也懂得去模仿它们的父母从而懂得这些技巧。但是这一些行为并不是学习的行为。

可是人与动物是不一样的，他们能够制造出自己需要的工具。这些工具并不是出生的时候就拥有的，而需要他自己去创造，去打磨。使用工具的技巧也不是一出生就懂得的，而是需要通过向老一辈的人学习才能够知道。

为此，在每一代人的学习中，都需要增添不同的知识进去。经过长时间的发展之后，人懂得的知识也越来越多，他们能够传授给下一代的东西也就更多。后代不得不花费更长的时间去学习。通过实践，人也慢慢地发现了自然和人类社会的规律，让人疑惑的事情也慢慢变少了。

每一个人都需要念书。人类社会也因为有了学校，而变得越来越文明了。在一所古老的学校里面，人懂得了科学，懂得了技术，也了解了艺术。这一所古老的学校让人创造了属于人的文明。

年老而有经验的猎人会向年轻一辈的人教授打猎的技巧。他会教导年轻人怎么去辨别地上的足迹，教他们怎么去追捕野兽。在现今的时代里，我们的社会也有猎人，但现在的猎人相对于以前来说，已经比较轻松了，因为他们并不需要自己去制造武器，也不需要自己去制造刀枪。但是在石器时代里的猎人却需要为自己制造武器，还需要老猎人传授知识。

在石器时代里，即使是妇女也是需要学习的，这些女人需要去学习怎么去管理家务，也需要去学习怎么建筑茅屋。

年老一代的人会给自己的后辈传授技术和经验，但是传授知识的时候，他们需要用语言来沟通。动物教授自己孩子的时候，并不需要用语言来沟通，因为它们沟通的方式是爪子和牙齿。但是，人在传授知识的时候是需要说话的。正是因为这样，人又创造了语言。但是，他们是怎么说话的？

# 再一次回到古代

如果我们想要从莫斯科到巴黎，并不需要走出屋子，旋转无线电收音机就能够为我们解决这一个问题。当我们的生活里出现了电视机的时候，我们不出门也能够了解到别国的风情以及看到其他国家的美丽风景。如果我们想要再一次回到古代，去了解那一段过去的历史，那要怎么做？因为我们相隔的并不是空间上的距离，而是时间上的距离。在这个世界上，有没有一件工具能够让我们穿越时间的阻隔？或许有，那就是有声电影。

我们能够在大银幕上面看到莫斯科红场。当地的人们正在热情地欢呼着，迎接着那征服北极的勇者归来。它还展示了白色新卫星穿越平流层的那一瞬间。但是，这些电影机并不能够为我们展示那遥远过去。因为那个时候，电影机还没有被发明出来。有声电影是在1927年诞生到这个世界的。想要了解那遥远的过去，那我们只好进行"时间旅行"了。

1895年，无声电影诞生了，它能够为我们讲述那过去的历史，但是我们并不能够听得到声音；1877年，留声机出现了，它能够为我们记录声音，但是我们并不能够知道这是谁在说话。

当然，我们还能够翻阅那陈旧的相册。通过里面的照片，我们能够了解到过去的人是怎么生活的。例如，我们能够在一张褪色的照片上看到小姑娘的身影，她能够让我们知道19世纪70年代的年轻人是怎么打扮自己的。她的背景则告诉了我们，以前的花园是什么样子的。

▲ 犹太人羊皮书

我们还能够在相册里面看到小姑娘成为美丽新娘的那一幕。这本相册里面，也记录了这个小姑娘的一生。照片距离现在，已经有好长一段历史了，我们甚至连相片上的人的脸部表情都无法看清楚了。现在，我们能够随心所欲地拍下人动作的瞬间，但在过去，想要给人照相就需要让他坐在一张特制的椅子上，他并不能够有任何的动作，就像木偶玩具那样子。

1838年作为一条分界线。当我们跨过了这条分界线之后，我们连照片都不能够看到了。这个时候，我们不能够再去依靠相机和留声机去寻找历史了，我们只能够回到古代去，寻找那些有力的证人。我们可以到美术馆或者是图书馆里面去，在这些地方里，我们能够查询到很多有力的证据。

几百年的时间转眼就过去了，它们留给我们的，也只是那一串串的数字。当我们跨越了1440年这条分界线之后，我们连印刷的书籍都不能够看到了。这个时候，我们只能够去找人用手抄写的文字书籍。我们跟着羊皮纸上的文字，慢慢地追寻着那古老的过去。我们还能够到一些寺院里面的墙壁上，看看那些题铭。这个时候，我们古代之旅已经走得很远了。当我们什么都不能够依靠的时候，我们能够寻找到什么？我们或许只能够到地底下去寻找古代人留下的痕迹吧。或许，我们需要去挖掘古人墓穴，看看他们会给予我们什么样的答案。在墓穴里面，我们能够找到一些古代的器具以及一些早已被毁坏的基石。我们能够通过这些东西，了解到古代人过去的生活。但是，它们可以告诉我们古代人是怎么说话的？或许，能够让我们去了解古代人的思想。

# 用身体来说话

原始猎人会选择在一些洞穴的深处建立自己的宿营地。我们能够跟上他们的脚步，在这些地方寻找他们的痕迹。或者换一句话说，我们是到这些地方去寻找他们的骨胳。科学家们曾经在前苏联、法国、德国等地方找到了原始猎人的头盖骨和骨架。因为科学家们是在尼安德特河流域发现这一些骨胳的，于是他们也把这些原始人命名为"尼安德特人"。

现在，我们也把主人公称为"尼安德特人"。我们为什么要给主人公换一个新的名字？从猿人到现在这个时代，中间相隔了几十万年的时间。这么长的时间里，他们已经发生了很大的变化了。

这个时候的尼安德特人已经和猿人有很大的差别的。他们的背变得更加

的挺直，他们的手能够更加灵活地工作。他们的脸和现代的人也十分相像。即使在小说中，我们能够详细地去了解到主人公的外貌，但我们并不会知道他头盖骨的容量是多少。现在，我们就来说说我们主人公的头盖骨容量。这对于我们的研究来说，是十分重要的一个环节。

经过测量之后，尼安德特人的头盖骨含量比猿人增大了。这也说明，尼安德特人的脑子得到了新的发展。在这千万年的时间里，劳动让他们的大脑得到了进一步的发展。除了大脑发育了之外，他们的手也有很大变化。之所以会有这样变化，是因为他们需要用脑子指挥手来工作。

人会拿起砍砸器来改变石头的模样。在这不知不觉中，他的手指变得越来越灵活了。而他的大脑也变得越来越复杂了。如果我们真正地看到了尼安德特人，我们或许认为他就是人。可是，他的外貌和猿的外貌相比，还是有相似的地方，他的前额还是微微向前倾，而眼睛上面有明显的突起，牙齿也向前突出。其中最为明显的是，我们无法看到他的下巴，这样也让我们明白，此时的尼安德特人并不懂得怎么去说话。

当他们进行日常生活的时候，就需要用语言进行交流，当他们需要进行工作的时候，就需要进行商量和交流。随着时间的流逝，人的下巴、颌骨变得和现代人更加相似，但是他们要和现代人一样正常说话的话，还是需要再过好几千年的时间。

既然他们无法用语言来表达自己的意思，他们需要怎么去交流呢？他们会用身体语言来交流。当时的人并没有可以说话的器官，但是他们已经懂得用一些基本的身体语言来交流。这包括了脸部的表情、肩膀、腿或者脚。

如果你尝试和狗说话的话，那你一定知

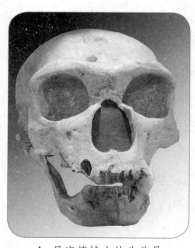

▲ 尼安德特人的头盖骨

道狗是怎么和主人交流的。它们会用自己的眼睛专注地打量着你，它会用自己的鼻子推你，也会对你摇着尾巴。当它出现焦虑的时候，它就会不断地原地转圈。这些就是用身体表达出来的语言了。

原始人挥挥手，那意味着"砍"；它伸出手掌，那意味着"给我"；当它挥挥手的时候，那意味着它需要别人的帮忙……我们是如何得知这一些东西的呢？那是因为古人给我们留下了宝贵的石器碎片，上面记录了很多古代事迹。

# 古老的语言

前段时间，一个印第安人来到列宁格勒。从外表上看，这个印第安人一点都不像传统的印第安人。他没有穿鹿皮靴，也没有带着那用羽毛修饰的头饰，更没有穿着传统的衣服。他的打扮十分现代化，和你我没有多大的差别。

他能够使用英语来和我们进行交流，他也懂得另外一种古老的语言，这种古老的语言是从远古留下来的。现在我们能够来了解这种语言是怎么样的。

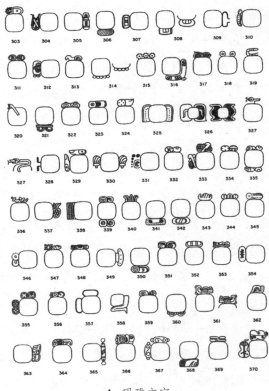

▲ 玛雅文字

# 奇怪的字典

弓——手做出一个弓的形状，其中一只手做着拿弓的动作，另外一只手做出拉弓的动作。

小屋——用手做成一个两面倾斜的屋顶。

白人——把一只手放在前额，当作是帽檐。

狼——用一只手向前伸，其中两个手指头微微向前伸，这意味狼的耳朵。

兔子——用一只手做成拱形的姿势意味着兔子的圆背，另外一只手伸出两个手指头代表着兔子的耳朵。

鱼——一只手直立，然后做出鱼游泳的姿势。

青蛙——把三个手指头合并起来，然后做出跳跃的动作。

乌云——用手握成拳头，然后抵在额头上，这意味着是低空的乌云。

雪——两手握拳，然后松开往下放。

星——两手放在头上，伸出两只手指，反复做出合并和分开的动作。

不同的动作有不同的意义，在古老的过去，人就是通过这些动作来进行交流的。他们的语言就像是在描绘一幅图画。即使印第安人依旧保留了这一种语言，但是这种手势语言和原始人的手势语言有很多不同之处。一些现代人才会出现的词语，在原始人的语言中是不会出现的。

汽车——两手伸出，形成一个圆圈的形状。然后再做出一个驾驶汽车的动作。

火车——同样做出圆圈的动作，然后就用手摆动起来，形成一个波浪式的动作。这一种波浪式的动作代表着火车的烟。

即使如此，我们也能够在这一些现代化的手势语言中寻找到原始人手势语言的痕迹。

火——就是波浪式的动作。

干活——做出一个砍的动作。

"干活"这一动作主要是因为砍砸器是原始人最原始的工具。

# 古代遗留下来的遗产

在我们现实生活里，依旧有手势语言存在。当我们想要表达"同意"或者"是"的时候，就会点头；而想要表达"那边"和"到那边去"时，我们就会伸手示意，有时候，我们也会伸出手指来指向方向；我们见面问好的时候，会点头行礼。

除了以上所举的例子之外，我们还有竖眉毛、摊两手等等的手势语言。在会话的时候，我们不需要说话，也能够用身体语言来表达清楚自己的意思。

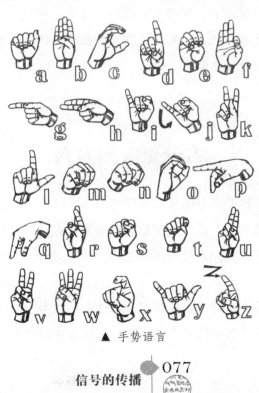

▲ 手势语言

手势语言也是有自己的优点所在的。简单的手势语言，就能够出色地表达出长篇大论的演讲。一名优秀的演员，能够通过手势语言来表达出真挚的情感。可是粗俗滥用的手势语言却不是很好。

有些时候，我们能够用语言来表达清楚的意思，就没有必要手舞足蹈地来表达了。跺脚、伸舌头等等的小动作也不要做。

有些时候，我们必须要用到"不用舌头的语言"，比如是在嘈杂的吵闹声中，我们的耳朵并不能够听清楚，那么我们就需要用自己的眼睛来看了。例如你在上课的时候举手来回答问题，一个教室三四十人，几十人一起开口来回答问题，那将会把课堂搞得一团糟了。因此，在我们现在的生活里，依旧需要手势语言来沟通。它就像是一笔遗产，至今都被保留着、使用着。

有声语言还是占了主流，可是它也没有完全地取代手势语言。在中亚地区里，有些民族的人还是使用手语来交流。在过去，东方某些地方的女性是没有权利和男性进行语言交流的。她们只能够用手语来代替声音说话。在波斯王宫里，仆人只能够和他平等的人说话。对于一些身份比他高贵的人，他只能够用手势来说话。现在，有的人在教育孩子的时候，会选择先教育孩子行礼，再对他进行语言教育。

# 大脑得到发育

为了能够在森林里面生存下去，野兽们需要时刻留意森林里的细小变化。森林里面有众多的信号，它传达的信息都是不一样的。树枝响起了声音，那或许是有一个潜在的危险正慢慢地靠近你。这个时候，你就需要准备逃跑或者是抵抗。

天空响起了雷声，树叶被风吹得沙沙作响，这个时候你就需要躲藏到洞穴里面去，因为这是暴风雨到来的征兆。如果你在霉烂的叶子上面嗅出了动物的味道，你就可以顺着这个味道去捕捉这一个动物。在森林里面，任何一个动静，任何一阵气味，任何的一个痕迹都将会告诉你一个隐藏的消息。当你接收到这个消息的时候，你需要做好准备。

　　原始人除了会接收大自然传达的信号之外，他还会接收同伴传来的信号。因为猎人都是集体行动的。当有人发现了鹿的踪迹后，他就会用手给同伴们传达信号。他的同伴看到这个信号的时候，就会更加细心地去观察身边的事物，也会准备好手中的武器，准备捕猎猎物。

　　怎么去发现野兽的踪迹？他们主要是看到了野兽的足迹，这个是自然传达的一个信号。当看到这个信号之后，人就会挥动自己的手，给同伴们传达一个报告的信号。除了去观察地上的信号之外，人们还能够听声音去判别这个信号。伊凡·彼得罗维奇·巴甫洛夫就在一篇著作里面记述过人的语言。刚开始的时候，人传递的信号也仅仅是手势和喊叫。对方接受到这些信号之后，就会传入到大脑里面。他们脑子就会条件反射地知道："野兽走近了。"此时，他们就会把手中的长矛抓得更紧，准备和野兽们战斗。当人已经准备就绪的时候，野兽还什么都不知道。

　　接着，手势越来越多了。这些信号也不断地传达到人的脑子里。这个时候，人的头盖骨前额区所接受到的信息量也越来越多了。如果想要更好地处理这些信息，那就需要它扩大工作的范围。为了满足需要，脑子的细胞越来越多了，细胞之间的关联也十分密切和复杂。就这样，人的脑子容量也增大了。

　　人在不断地学习，不断地在进步发展。到了尼安德特人时期，他们的脑子比猿人的脑子容量增大了 500 毫升。这个时候，当他接受到了"太阳"的信号，他就知道太阳。当有人示意他去拿长矛时，他就会立马联想长矛。共同的生活，共同的劳动让人慢慢地懂得了说话，他在懂得说话之后，也懂得了思考。

　　自然并没有偏袒人，也没有恩赐人类智慧。人是通过不断的努力劳动才获得了智慧的。

# 语言的出现

在人们交流不是很频繁的时候，简单的手势也能够沟通交流。人们就是通过手势来传授经验的。但是随着劳动越来越复杂，手势也变得繁多了。不同的东西都需要有不同的手势来表达。想要表达清楚这件东西，人们还需要形象地描绘出来，甚至是把这件东西模拟出来。这个时候就创作出了手势图画。那个时候的人能够挥舞着手，在半空中描绘出野兽、树木甚至是武器。

为了让同伴能够清楚地知道自己表达什么意思，他们需要形象地描绘出自己想要表达的意思。当他需要传达豪猪时，除了需要画出豪猪，还需要扮演成一只豪猪。有的时候，他还需要夸张地做出豪猪拱地的动作。如果想要完整地、清晰地表达出自己的意思，那么他需要有出色的观察力。在现代社会里面，这样出色的观察力也仅仅是艺术家才能够做到。

如他想要表达自己需要喝水，那他会怎么做？是用杯子来喝水？还是要用瓶子来喝水？不同的喝水方式有不同的表达形式。

我们能够轻易地表达清楚意思。"捕捉""打猎"对于我们来说仅仅是两个词语而已，但是对于那时候的人来说，却是需要仔细地描绘出整个捕捉和打猎的场面来。手势语言也许是很匮乏的，但也许是很丰富的语言。你只想表达出"眼睛"，你是指左眼？还是指右眼？手势语言能够生动地描写出一些东西来，却不能够表达出抽象的概念。这或许就是手势语言的一大缺点吧。但是，我们有没有想过，在黑夜里面人是怎么去交流的。

在漆黑一片的夜色里，人们根本就不能够看到手势。对于草原上的人来说，手势语言还能够行得通。但是对于居住在森林里面的人来说，手势语言是有一定的困难的，茂盛的树林会把猎人间隔开来，这个时候，他们就不能够进行交谈了。

为此，人们需要用声音来交流。刚开始的时候，人们难以用舌头和嗓子来说话。他们说出的声音都是一个调的，完全不能够区分出这些声音的不同。有的时候，会有众多的声音混杂在一起，难以让人知道他将要表达什么意思。但是经过了长时间的锻炼，舌头也开始服从人类的驱使了，人也能够清晰地进行交谈了。

以前舌头只是带动声音的一个助手。人类之所以说话越来越流利、越来越清晰，舌头就起到了至关重要的作用。过去，手语是人们常用的交流方式，而现在口语却慢慢地取代了它们的位置。

舌头在所有的手势中并不出众。但因为它能够形象生动地描绘出动物的声音，这样让人越来越重视舌头的柔软了。

埃维人表达"走"的意思，也有好几种形式。"走着着"是指稳健地走；"走波霍波霍"就是指胖子走路沉重的姿势；"走步拉步拉"就是指慌慌忙忙地走路；"走劈丫劈丫"就是指小步子走路等等。这些不但表达了走路的意思，还形象地描绘了人走路的微小细节。

不同的人有不同的走路步伐。不同的步伐就会有不同的词语来形容。人刚开始的时候就是这样说话的。手势说话不能够满足他们的需要，于是语言就诞生了。就是从这个时候起，人类开始用"舌"说话了。

# 战 胜 时间

在古代之旅中，我们会找到什么新的发现？而人类的发展史就像是一条大河。我们顺着河流逆流而上，就会来到河流的发源地。它不断地流淌着，我们来到了最上游的河源处，我们就找到了人类社会的开端。这里是人类语言的发源地，也是人类思想的开端。

每一条大河都会有千千万万的支流汇集而成的。越来越多的支流流入大

信号的传播

河中，这条河就会变得越来越宽。人类经验的河也是这样，时代不断地发展，人类经验大河也越来越宽广。

时间会把一切都带走。人曾经居住的地方也会消失不见，而城市和村庄也会变为一片的荒芜。最后，什么都没有留下，也没有留下任何纪念品。在时间面前，什么东西都是脆弱的，很少有东西能够经得起时间的消磨。可是人类的经验并没有随着时间的流逝而消失，它打败了时间，并且活跃在语言、劳动和科学里面。语言里任何一个词语，劳动里任何一个动作，科学里任何一个概念，都是人们的经验。

涓涓细流汇集成为浩瀚的江河。任何一支细流对于河流来说都是有用处的，因此人们的劳动也是有意义的。不同时代的劳动成果最终都会融入人类经验的河流里面。

# 第06章

## ·祭祀·

　　那些易于毁坏的房子，其实只是房子的一种。在这里，我们还能认识另外的一种房子，那就是洞穴，它们存在的日子更长更久，见证的人和事也更多。因为这些洞穴在上万年前就已经有人居住在里面了。因为山的结实和恒久，洞穴也就比人搭建的房子更加坚固。

# 被历史记住的房子

当人们决定离开自己住过的房子，总会遗留一些东西在这个房子里，因此我们总能在那些没人住的屋子里发现很多东西，有时它会是一些破旧的家具或者随意堆放的瓷器，有时是主人遗忘的一个老旧玩具又或者是满屋散落的纸片。也许屋里会有几盏连玻璃都不见的灯在屋顶上摇摇欲坠，而墙壁上或许还会留下几张年代久远的海报，已经不知去向的主人也可能会在墙上留下一些模糊的只言片语。

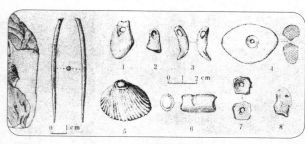

▲ 山顶洞人骨针

我们一定会试图通过这些被留下的东西去猜想住在这里的前主人，去猜想这里的人们究竟都发生过什么事情。但毫无疑问的是，这样的猜想不但困难而且毫无意义。但有这样一群人，却必须直面这种困难并作出有意义的推断，他们就是考古学家。

很多时候，一间房子的拥有者要在离开许多年之后，考古学家才得以进入这间房子，如果他们能在房子原本坐落的地方找到它们，就已经是幸运了。很多时候，考古学家们找到的已经不是一所完整的房子了，它们或是一面断墙，或是一个残留的地基。在这样的情况下，哪怕是一块细小的碎片都是一个重大的发现，可以推动考古学家的整个研究。

究竟，这些古老的房屋，能通过留下的残垣断壁告诉人们多少故事呢？

而这些房屋又曾经见证过多少人的故事呢？

那些易于毁坏的房子，其实只是房子的一种，在这里，我们还能认识另外的一种房子，那就是洞穴，它们存在的日子更长更久，见证的人和事也更多。因为这些洞穴在上万年前就已经有人居住在里面了。因为山的结实和恒久，洞穴也就比人搭建的房子更加坚固。

一般而言，洞穴会不断更换主人，如洞穴中充满地下水，许多泥土、砂砾就会随着这些地下水流进洞穴，如洞穴中的水干了，人们就会住进这些干燥又安全的洞穴。另外，考古学家在泥土中发现了尖状器具。原始人就是用这些工具来"切开"野兽的。从这方面来讲，在这一时期居住在里面的人已经可以被称为猎人了。

日复一日，年复一年，人们渐渐地抛弃了洞穴，不断有新的主人拥有它们，当我们走进这种洞穴时，会发现它们的墙壁非常光滑，这些都是人们经常用背部在墙上蹭的结果。

考古学家们也在一些比较靠上的地层里发现了人类居住的痕迹，在这里，找到了许多炭和灰烬，也有一些石器和用骨头做的器皿，因为有了人们留下的这些东西，不管他们是住在洞穴还是地层，许多和他们有关的事情，我们都能清楚了。

很多时候，一般人都会觉得这些被遗留的东西不就是一些碎石和残片嘛，没有什么特别的地方，但仔细地观察和研究，可以在这些东西里看到刀子、锯子甚至是针的影子，这就是早期的工具。

原来，人类的聪明才智早已显现了出来，他们会发明工具、利用工具。

考古学家在一堆"工具"中，发现了一把锤子，当然，在它的不远处还有一个砧，因为它们就像一对组合，总是同时出现，而锤子是用石头做成的，砧是骨头做成的。

当然，那个时候的工具和我们现在的工具是有区别的，锤子有所不同，砧也有区别，我们细心观察，就会发现这把砧真是人类的好帮手，从它破旧的身体可以看出来，人们曾利用它做过许多事情，锤子帮助人们凿打出各种想要的形状，砧也在无私地奉献着自己。

工具会说话吗？它想告诉我们什么？又能告诉我们什么呢？

事实上，工具是能告诉我们许多信息的，至少它能告诉我们，随着洞穴主人的更替，人们也在渐渐地进步，人类的劳动越来越复杂，生活方式也更加多样化。

人们一开始利用工具的时候，他们只有一种尖石头，攻击、切割、捶打都是用它，而渐渐地，人们开始有了新的工具，有专门用来切的工具，有专门用来刮的工具，当然，捶打有锤子、缝衣服有针、猎取食物有尖端的矛，总之应有尽有。

▲ 原始人洞穴壁画

为什么这些工具越来越多，是因为人们的需求越来越多，当一种工具不能同时满足人们猎取食物、保暖、寻找住所需求的时候，人们就发明一整套的工具，是这些需要创造了越来越多的工具，也创造了越来越多的人类文明。

考古学家在祖先们居住的地方找到了他们所使用的器具，不过很可惜，我们只能找到那些最坚硬和最耐磨的东西，因为时间的破坏力很大，能摧毁很多东西，而那部分被留下的东西大多都是石头和骨头做成的，那些木头、稻草甚至是兽皮已经很难见到踪迹了。

所以，考古总是在被遗留的东西中去猜测那些已经消失了的东西，通过那些碎片、遗迹去还原那些经过千百年岁月洗礼，千疮百孔的东西。而且，我们还在寻找，永不放弃。

人们有一种习惯，找东西的时候都是从上往下，就像挖掘宝藏一样，总是先挖开上面的地层再不断地往下深入，但考古却不一样，考古学家总是在这点上与常人背道而驰，就像看一本倒叙的书。

考古学家是这样讲述故事的，从第一场讲起，也就是从最下面的地层开始挖掘，也就是从洞穴开始说起，现在我们已经讲到了地层，很快，就会到了人类真正文明的时代。

在研究地层的时候，考古学家发现了一个奇怪的现象，那就是人们很多次离开洞穴，但又很多次回去，所以一个洞穴可能经历的主人顺序是这样的，人—动物—人，不停地循环。

日子悄然流过，人们好像从一个世界到了另外一个世界，人们渐渐的真正抛弃洞穴，开始在露天的地方搭建房子，他们已经不需要大自然为自己提供一个天然的安身地方，他们已经可以利用自己的能力和工具寻求一个更好的地方。

这个时候，洞穴已经成为一个偶然避雨和休憩的地方了。

又许多年过去了，洞穴已然迎来了它历史的尽头，虽然以后人们再次回到了洞穴，但这时，他们已经不是到这里来居住了，他们来的目的有了新的名词——考古。他们来了解，曾经的人在这里是如何生活的。

是考古学家一层一层地挖掘了洞穴的历史，将洞穴这本书慢慢地品味。而伴随他们的工具，已经是用金属制成的了。

从这点上，我们就能看出区别，随着人类不断地发展，从工具上就能推测出他们不同时期的技术和经验的成长，几千上万年来，人们的工具从来不会一成不变，而是变得越来越好，越来越实用和坚固，样式也越来越多，人类的文明完全可以在工具上得到体现和证明。

这些洞穴，就是被历史记住的房子，而这些"房子"，也通过它特殊的方式向后来的人们讲述着过去的故事，用它独特的叙事手法和遗漏的东西，来解读和诠释着历史。

# 接长自己的手

　　谁也无法否认，人类的聪明和才智，人们懂得如何延伸自己的能力，就像在一个木棍上绑上一个石头做的矛头，一个用来打猎的长矛就做成了，就像接长了自己的手，放大了自己的能力，人们变得比从前更加强大和勇敢。

　　很久以前，当人们遇到熊时，只会逃跑，因为它们强壮而危险，人们并不想和它们发生正面的冲突。这个时候，人类已经能够征服许多小型的野兽，但熊的利爪依然让他们害怕。他们很难在熊的威胁下逃命。

　　直到有一天，人们开始使用猎矛，它尖利的头壮大了人们的胆子，一旦遭遇熊的袭击，尖锐的石头就会率先刺破它的肚皮，而人们依然是安全的，原因就是熊的腿和它的爪子比猎人的矛更短，因为有了"接长的手"，人们变得更加强大了。而在这样的情况下，如果已经受伤的熊试图挣扎，无疑会给它自己造成更大的伤害，越来越深的伤口甚至会要了它的命。

　　不过，这样的方式仍然存在着危险，因为木头是容易折断的，如果在熊挣扎的过程中，这些木头折断了，那么人无疑就成了熊撕扯的对象，付出生命的代价。

　　原始社会中，人们都不会单独出去打猎，他们懂得团结的力量，所以当有人遭遇危险时，就会有许多人过来帮忙，所以熊是很难打败人的，熊会同时受到来自四面八方的攻击，付出生命代价的也往往就是那些熊了。

　　这些猎矛让人们在打猎的时候更加顺利，也让人们猎到了从前不敢想的猎物，现在还可以看到洞穴里用石板砌成的牢房中堆积着熊的骨头，想必人们常常顺利地猎到熊，并以这些熊为食物。

当然，熊虽然强壮，但往往脑子不太好使，对付这种笨笨的动物，猎矛已经足够了，但自然界还存在着许多灵巧的动物需要猎取，这些动物会在远远看到猎人的时候就逃走，就算猎人们轻手轻脚地隐藏自己，一点点的风吹草动，它们都会很快地跑掉。

如何能够猎到这些灵巧的动物呢？这个时候猎矛这种"手"已经明显不够用了。

这个时候，那些人们吃剩下的骨头就有了重要的作用，人们把这些骨头磨尖，然后绑在短的木棍之上，一件新的武器就产生了，它就是——投矛。

有了投矛，人们可以轻松地将这些轻巧的武器向奔跑的兔子和马匹投过去，并很快将那些动物攻击倒下。人类就好像有了一件会飞的武器，人类的手又变得更加长了。

当然，不是每个人都能投准猎物，人们想要准确地猎到自己想要的目标，精准的眼光和有力的手臂是不可缺少的。所以，从小学习投掷，就成为每个猎人的必修课。但即便是这样，在打猎过程中，还是鲜有投中的。

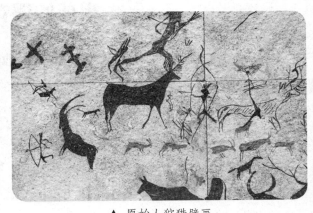

▲ 原始人狩猎壁画

时间又悄悄地走了几百年甚至几千年，可投掷的动物越来越少，人们已经感觉到，投矛已经不能满足需要了，必须有一种能够把手接得更长的武器来代替原有的武器。于是弓出现了。

这种新型的武器用有弹力的细树干做成，它弯成一个月牙的形状，并且

有一根绷直的弦在两头将它拉紧。

猎人拉开弓，弓就会吸收猎人肌肉的力量，当猎人松开弦的那一刹那，弓就会将所有的力量释放给箭，箭也就会借着这股力飞射出去，击中猎物，箭飞出的速度更快，飞出的距离也更远。

随着弓箭的广泛应用，箭头也变得多样化，尖锐的石头、野兽的角和牙齿都曾经做过箭头。

人们在整个人类的发展过程中，花了上千年的时间做出了一把弓箭，它的出现，让原本短且无力的手变得更长也更为有力。这些手也已经不再是普通人的手，是具有创造力的手，是具有强大力量的手，是能挑战更大更多敌人的手。

# 马 组成的瀑布

有一个名叫索卢特的地方，它位于法国，地势十分的险峻，在这里，人们发现了许许多多的动物骨头，它们有的是公牛的角，有的是犀牛的头盖骨，也有熊的肩胛骨，但最多的还是马的骨头，它们成堆成堆地组合在一起，让人惊讶它的庞大规模。考古学家们将这些成堆的骨头分开，并进行计算，最后发现这里的马骨至少包含了十万匹马的尸体。这里，就像一座巨大的马匹坟墓。

这个巨大的坟墓，是怎么来的？

为了弄清楚事实，考古学家和科学家一起工作，他们发现，这些马骨有被敲打和焚烧的痕迹，更像是人为造成的，经过仔细推敲和研究，他们终于得出了一个结论，这个所谓的"坟墓"，原来是人类的厨房，是人类扔掉食物垃圾的地方。

当然，如此庞大的规模绝对不是一蹴而就的，人们很多年生活在这里，连续不断地扔掉这些骨头，才有了今天的样子。

新的疑问又出现了，人们为什么要把垃圾都扔在山崖上？原始人为什么会选择地势险峻的地方作为自己的营地呢？

带着这个疑问，一个经过仔细推敲的故事产生了。

一天，原始猎人发现了一群马，这些马十分警觉，为了偷袭这个马群，猎人们都握着猎矛，随时准备着，而且其中一个猎人还会做好马匹在哪里、有多少只的标记。渐渐地，猎人们形成了一个包围圈，一步一步地把马匹包围起来。

随着距离越来越近，马匹的样子也更加清晰，它们都拥有细长的腿，强壮的身躯和粗糙的毛发，大大的耳朵还不停地煽动着。

人们的动作虽然很轻，但还是被马发现了，它们预感到自己有危险，拔腿就开始跑，但天色已经很晚了，马匹们失去了方向感，没有了正确的逃跑路线，而这时，人们的猎矛已经刺穿了马匹的身体。

四面八方的猎人围了上来，马群惊慌失措，突然，它们发现了一个出口，它们嘶叫着跑过去，却将自己送到了一个更为危险的境地。人们高兴地驱赶着马匹，因为马儿们奔跑的地方是一个断崖，等待它们的将是包围和恐惧。

马儿们还不知道自己的危险，它们像洪水一样冲向悬崖，前面的马儿发现了危险，可是已经来不及了，后面奔腾而来的无数马儿将它们挤了下去，马儿们就像是瀑布一样，不断地从悬崖掉落，然后在悬崖下堆起了无数血肉模糊的尸体。

这场围猎终于结束了，人们大获全胜，来到山崖下燃起篝火，分食马肉。这就是这里成为今天这个样子的原因了。

# 进化的人类

　　人类的进化，总是缓慢不易察觉，但总是不断地在进行，就像我们看着自己的手表，你永远察觉不出时针的动态，可是过了一个小时，你发现，它确实已经动过了。

　　大多数的时候，我们总察觉不到身边的人和事的变化，昨天和今天好像都是一样的世界，一样的人，但几年之后，回过头来，你会发现不管是自己还是别人甚至是外面的世界，早已发生了许多变化，而你甚至不知道这些变化是从什么时候开始的。

▲ 克罗马农人复原图

　　历史也是这样悄然地流动着。因为人类的现代文明，我们可以照照片、写日记，看书看报看电视来感知自身和世界的变化，但几万年前的人类没有这些东西，他们如何记住人类的变化呢？在他们眼中，生活是否是静止的呢？

　　那个时候，人们建一样的房子，打猎用一样的手法，煮东西也是用同一种方式，可是，人们不断地更新自己的工具，不断地尝试新的劳动方法。

　　一种新的工具出现了，我们会发现它和原本的那件工具几乎没有差别，外形差不多，功能也没多大变化，但日积月累，每次的一点点变化，终于让这些工具有了不同的作用，有了千差万别。

　　当然，工具的改变只是世界改变的一种，人类的生理方面也发生着变化。

　　据目前发现的人类骨头来看，在冰川时期末期的人类骨头和进入洞穴时期的人类骨头大相径庭，让我们甚至怀疑他们不是同一个种类的生物。洞穴时期的尼安德特人的背部有些佝偻，脸部的前额和下巴都十分不明显。而那些走出洞穴的克罗马农人的骨架十分挺直，体态匀称，外表和我们现代的人几乎没有什么不同了。

上述的两种人种，生活的地域都差不多，为什么会有这么大的差别呢？这是一个疑问，考古学家们为此进行了长时间的研究，不断有新的理论被提出来，但有一种说法，引起了大家的注意。

有的考古学家认为，上述的两种人种有很大区别的原因是因为他们属于不同的种族，克罗马农人是高级的人种，而尼安德特人则属于低等人种。许多人都认为这部分考古学家的理论十分奇怪，如果说这两种人属于不同人种，这无疑是说上过大学的人和没上过大学的人有着种族的区别。这是一种不合逻辑和情理的推测。

真正能够解释得通的大概是以下的说法，克罗马农人就像大学生，而尼安德特人就像是小学生，我们不能说，有了大学生之后，小学生就完全被取代了，大学生属于更优等的人，而小学生更加劣等。这些都是错误的。我们要换一种思维方式，其实小学生就是未来的大学生，他们就是一个进化的关系，而不是被取代的关系。

# 不停变化的 房子

我们已经探讨过，从人们遗落在房子里的东西来推断曾经发生的故事。如果我们想要探讨从有人类以来房子的历史，必然要回到最初的房子，即洞穴那里去探寻，而洞穴是大自然的礼物，是不需要人类付出太多的劳动就能被找到的东西。

鉴于洞穴的环境，我们不难看出，大自然也许真的不是一名好的建筑师，洞穴在被打造的时候，居民的感受是没有被考虑的，所以，寻找洞穴很容易，但寻找一个满意的"房子"，却要花上很多的时间，这里不是太潮湿，就是屋顶太低，或者不牢固，这些都有可能。

但房子毕竟可遇不可求，找不到百分之百满意的房子，那就自己动手改造，这个时候，一个部落的人都会行动起来，用木头和石材支撑洞穴，磨平洞穴，还用草使洞穴变得暖和。

洞口不远处被挖了一个坑，人们就在这里堆起石头，多数的时候这里会燃着一堆火，取暖和煮食都会在这里，家中的宝贝们睡的"床垫"不是用羽毛做成的，而是那些燃过的灰烬，它们同样柔暖和保暖，只是不那么卫生而已。

洞穴中除了休息还可以做成仓库，堆放粮食和武器，人们的奇思妙想和一双巧手打造出了一个神奇的世界。

随着时间的推移，人们对房子的要求更高起来，改造房子的能力也更加精细，更多布置房子的心思被用起来了，那些大自然没有提供的有利条件，他们都自己来创造，树皮和土造出的屋顶，草把做出的墙壁，都凝聚着他们的智慧。

在法国的南部，有一座幽深的山，在这座山里保存着一间房子，这间房子历史悠久，十分的古老，它有一个名字叫"鬼火塘"，因为人们认为，这个用石头堆砌的洞穴是用来给鬼烤火用的。

其实事实远不是人们想象的那样，因为这个巢穴并不是鬼建造的，而是人类的祖先建造的一所房子，是人们的安身之所。

遥远的过去，一个猎人在打猎的时候发现了山中有两块石壁，这两块石壁就像两块坚固的墙壁，虽然它们只是偶然从山坡滚落的石块，但猎人依然很惊喜。

他和自己的族人找来兽皮和树皮，用技术造出了另外两块新的墙壁，和原先的两块石壁组成了一个坚固的房子，现在其中一堵墙已经在岁月的洗礼中失去了踪迹，我们无缘见到了。

这个小房子的内部是一个很宽的大坑，里面有许多碎石和骨头，其中一部分还被做成了工具，所以，这个鬼火塘不仅是一个洞穴，它和一座房屋已经十分相似了。它的一部分已经是人类所建造的了，这就表示人类造出四堵墙的房子只是迟早的事情。

也许很多人会好奇，人们是怎么办到的。

一开始，人们会寻找一个地方，挖掘出一个很大的坑，这就是一开始的地窖，然后，他们会用树枝树叶兽皮这样的东西建造出墙壁，很明显，这样的墙壁是不牢固的，很容易倒塌，所以那些巨大的石块、木头甚至是骨头就会被用来当做支撑的东西。当然，他们不会忘记还有一个屋顶，树枝和动物的皮毛是最容易利用和最实用的了，现在就算是雨雪天，人们也会很安全了。

这样的房子在安全的同时，外形也很奇怪，因为远远望去，它就像一个圆土丘，根本没有什么特别之处。

屋子建好了，那里面的"家具"呢？

不要小瞧了原始人的智慧，他们把地踩得结结实实，然后就躺在上面当做自己的床，用泥土堆起小小的土坡，那就是枕头了。也许一个动物巨大的头盖骨会成为他们的板凳，桌子也可以用石头做成，而那些石头做成的台子上还能找到一些人们日常用的武器和工具，其中甚至有小骨头磨成的"珠子"，有的还被打好了小洞，穿在了一起，那是最早的装饰品。

石台上的"骨珠"并没有穿完，台子上的东西也显得有些杂乱，从这些可以看出来，当初人们离开这里的时候一定是非常仓促的，一定是有危险或始料不及的事情发生，他们才会舍弃自己堆满工具和武器的石台以及温暖的房屋，才会离开自己赖以生存的地方。

想要磨光这些骨头，并给这些骨头打洞是很不容易的，需要很多的时间和精力，也需要十分精密的工具才可以办到，就像制造人类最早的一种针——

骨针一样，把它磨得如此细小，并在上面打洞太不容易了，需要的技艺是很高的。

考古学家曾经发现了一套制作骨针的工具，在这里还有其他的设备，原料也是现成的，除了已经完成的制作品，其他的东西都被完整地保留了下来，就像随时在等待着人们来继续生产一样，不过这个时代已经找不到会制作这些东西的工匠了。

制作骨针的过程一般是这样的：人们用刀将小型的骨头切成一个一个的小棒子，用石片将这些小棒的一端磨得尖尖的，然后再用石头在小棒的尾部钻出一个细小的针眼，最后的部分就是将这个小骨棒磨光了。这样的过程看似简单，却要用到许多工具，耗费许多的劳动力。而且那个时候能够做一根好针的工匠非常少，一根骨针就是一件奢侈品。

说完了这些，我们再一起看一看原始猎人的营帐吧。

接下来是考古学家还原的一幅景象。

草原上铺着一层薄薄的雪，几座小山丘若隐若现，远远望去，小山丘上还冒着白色的烟雾，我们渐渐地走近山丘，发现里面有刺痛人眼的烟雾，这原来就是一座房子，房子的"门"在屋顶，其实也就是一个洞口，里面都是烟雾，又黑又挤，人和人紧密地挨着，狭小的空间里至少有十几个人。

我们的眼睛渐渐习惯了洞穴的黑暗，人们的脸也渐渐地清晰起来，这些人跟猿猴已经有差别了，和现代的人越来越像，他们体态健康匀称，颧骨很高，肌肉很强壮，身体黑黑的，皮肤上还画着花纹。

有人拿着骨针坐在地上缝制衣物，这些衣物都是用兽皮做成的，孩子们用各种动物的角当做玩具，猎人则在石台边安装他的工具，一个一个的猎矛和弓箭在这里被生产出来，有时他们还在自己的武器上刻上花纹。

这些花纹很奇特，引起了我们的注意。

几条细细的线条成了几条大道，大道上用简单的线条刻画着奔跑的马匹，马匹的腿都那么匀称，头上还能看出细细的鬃毛，虽然感觉画得很简单，但却十分真实，好像这些马儿随时就会跑出来一样，我们不得不佩服他们精湛的画艺。

▲ 阿尔塔米拉洞穴壁画：马

接下来，奇怪的一幕发生了，这幅已经完成的画又被加上了几笔，工匠用笔在马上涂画了一个歪歪斜斜的图案，他是要毁掉这幅画吗？为什么他要这么做？

正在我们疑惑的时候，一个新的奇迹发生了，马儿没有被毁掉，在它的身上反而多了一座小房子，接着又有一座一座的小房子出现了，这就变成了一整片的营帐。

不要以为这幅画是工匠偶然的奇思妙想，这是有意义的。因为在原始人的洞穴中，这样的画多极了。

熊的身上也有这样的房子，牛羊的身上也有这样的房子，有的牛羊甚至只剩下了半个身体，有的还只剩下头和腿。而人类往往也会站立在这样的画中。

这种描写人类和动物以及房屋的图画在石板、石壁、骨片上都如牛毛一样多，尤其是石壁上是最多的。而这些画一开始是不容易被发现的，只有我们进入洞口，深入探索才能看到。为了接下去的研究，我们继续朝洞穴里面走，走到更深的地方去。

# 地底下的 画

要进入这些洞穴，我们必须带上灯，因为黑暗中我们的发现力会变小，随着不断的前进，我们会用记号标记每一个转角和路口，因为地下的迷宫是非常容易迷失方向的。

渐渐地，我们前行的路变得越来越窄，地下水也慢慢地出现了，有的还滴到了人们的头顶，我们举起灯，慢慢地观察着墙壁。

因为地下流水的常年流动，洞穴仿佛变成了一个水晶宫殿，这种天然的没有人工痕迹的地方有一种别样的美丽。

我们继续走着，突然一头野牛出现在了我们的视野里，我们都吓坏了，可是这只野牛却没有动，走近才发现，它是用黑色和红色画在石壁上的，它的身上还插满了猎矛。

这是一幅来自几万年前的艺术作品。

没多久，我们又发现了一幅画，这次画面上的是两只怪物，像人又像野兽，它们的背弯曲着，头上还长有角，身上的毛发也很旺盛，甚至还有一条长长的尾巴，但手和脚又仿佛是人类，而且手中还拿着工具，仔细瞧来才发现，这是一个披着动物皮的人而已。

渐渐往前行，越来越多的画出现了，我们就好像参加一个画展，或偶然走进了一个画廊。为什么原始人作画会选择阴暗潮湿的地底下呢？而且从画面来讲，这些画并不是给人观赏的，那为什么画家会画这些呢？而且那些穿着奇怪兽皮的人们为什么要围在一起跳舞呢？

太多的谜团，等着被破解。

# 让我告诉你答案

有人这样解释："猎人们会聚在一起跳舞，他们都会带上野牛头面具，或者是牛身上的其他部位，而且这些人都会拿上弓箭和矛，这个舞蹈表演源于人们的劳动，那就是围猎野牛的场景，如果其中有人累了，他就会假装晕倒过去，这时，其他的人就会将不太锋利的箭'射'到他身上，倒下的这个人就模仿野牛受伤，其他人将他拉出这个舞蹈圈子，向他挥舞着手中的武器，之后就放开他，这时，就会有另外的人补上他的空缺。人们可以就这样跳舞半个月甚至是20天。"

为什么这些人会知道这种习俗呢？

原来，做出这番解释的人曾经亲眼见过这种舞蹈，那是在北美洲的草原上，一群印第安人还保留着这种古老猎人的习惯，原始画家将这些场景画在石壁之上，是为了记录他生活的时代。

不过，我们虽然知道了这图画的意思，我们明白它究竟画了什么，可是依然还有谜底没有被解开，那就是这种舞究竟要表达什么，这是一种娱乐方式还是有更深的意义呢？

是什么，可以让这些人连续跳上20天呢？

后来，又有人告诉我们答案，这种舞蹈是有指挥师的，指挥这些舞蹈的是当时的巫师，巫师手中的烟管朝着哪个方向指，人们的舞步就往哪个方向去，一边跳还要一边做出追逐野兽的样子，这种有着巫师指挥的舞蹈就不仅仅是舞蹈了，它已经算是一种巫术或者是仪式了。

在他们看来，他们是用这种奇怪的舞蹈动作迷惑野牛，让它们出现，并猎杀它们。这就是石壁的画想要传达给我们的信息。而那个非要在阴暗的地底的石壁上作画的人也并不是我们以为的画家，而就是这位指挥的巫师。

巫师相信这种舞蹈对打猎成功有所帮助，虽然在我们看来这一切没有一点意义，可是他们还是坚持不懈地在做这件事情，甚至延续到了今天。

想象一下，如果我们想要吃更多的米饭，就天天围绕着稻谷跳舞；如果我们去教书，就天天对着学生手舞足蹈，除了被当做精神病，就没有其他的结局了，这种做法对我们来说，简直无比的荒唐。

现在，我们已经明白这幅奇怪的画的意思了，但还有更多的画出现在我们的面前，比如那一幅，画的中间位置躺着一头野牛，它的周围围着一圈猎人，而躯体已经被吃得七零八落了，这幅画又是什么意思呢？

这一次，我们继续追寻答案，而目的地是西伯利亚。

在这里，许多老人都记得这么一个仪式，猎人们打死了一头熊，他们为它举行了"熊祭"，方法是将熊抬回家，举行仪式，人们称之为"敬神"。

他们会把熊的头放在熊掌的中间，在它的面前放上用树枝和树皮以及面包做成的一只"鹿"，他们认为这就是给熊的礼物，他们也装饰熊的脸，在它的眼睛上放上一些银币，猎人们挨个走上前去，亲吻熊的脸。而这些仅仅是这个仪式的开始。

一般而言，好几个晚上都会有人戴着面具在熊的尸体旁跳舞，他们感谢熊付出了自己的生命，对它鞠躬，而且还模仿熊的动作来纪念它。

在一切都结束了之后，人们就会开始吃掉这头熊，只留下这头熊的头和前腿，所以，在那些被吃得七零八落的熊骨中就会发现完整的熊头和前腿。

而那幅画跟这个活动是一样的，画中在举行仪式，是在祭祀野牛，人们向野牛致谢，感谢野牛付出自己的生命，将它的肉奉献给了人们，并且人们希望野牛下一次能够同样慷慨。这样的祭祀仪式，在印第安人那里，也同样保存着。

在印第安的高卓族，猎人们会把被他们打死的鹿放在地上，将它的后腿朝着东边，并在它的嘴前放一只碗，这只碗中会放上鹿喜欢吃的各种食物，而其他的人会挨个地走上前去，抚摸这只死去的鹿，并是从腿到嘴有序地进行，还在心中感谢它，感谢鹿的慷慨付出。说些这样话："安息吧，可爱的鹿，你送给我们鲜美的肉、漂亮的皮毛和坚固的角，我们将因此感谢你。"

# 第07章

## ·图腾的意义·

　　那个时候的人甚至还认为，护身符可以保佑自己，而且不是固定一件物品，身边任何一件物品都有可能是保护自己的护身符。每一个人都可以是巫师，死者的灵魂会徘徊在人的周围，会去袭击人。那些被人打死了的猎物也会回来寻找杀他的人，并且进行报复。为了避免这一切，人们需要向神秘的力量祈祷。他们会想尽所有的办法去慰藉那不存在的幽灵，也去安慰自己。

# 现实生活没有童话

　　童话世界的美好和单纯总是让人向往，我们也看过无数的童话，在童话中，好像都有一个美丽的结局，这是我们在现实生活中不能体验的一种美好，于是很多人痴迷童话。白雪公主的美丽和坚强、睡美人的可爱和幸福、神奇的鸟儿、五彩缤纷的世界，当然童话中也有邪恶的巫婆，丑陋的癞蛤蟆。在童话世界里，如何才能长久地生存呢？有一个十分有必要的原则，那就是一定要离巫婆、魔法师们远远的。因为他们有一种将王子变成癞蛤蟆、将公主永远尘封的能力，而在这个世界，人们就算死去也会复活，王子会恢复原样，公主也会被解救……

　　除了神奇，我还能说什么呢？

　　俄国有位著名的诗人——普希金，在他的诗中可以看到许多不同的生灵，有时是精灵，有时是仙女，还有人鱼，也有魔鬼。

　　在童话的阅读过程中，我们常常会觉得这一切都是真实存在的，而当我们投入自己的现实生活后，又会发现，童话世界是多么虚假，现实世界是没有魔法的，也没有魔法师和巫婆，在现实世界，一切发生的事情都可以用科学来进行解释。

　　童话令人沉醉，但不是每一个人都向往童话中的生活，因为不是每个人都会成为王子和公主，不是每个人都能在充满危险的童话世界中生存下来，在童话世界里，智慧只是一种很小的力量，有时候，你不得不依靠你的身份和运气。

　　在文明不那么发达的几千几万年前，我们的祖先却把现实和童话混为一谈，他们认为现实和童话是一体的，他们觉得世界是由一股神秘的力量在统治着，他们害怕和尊敬着这股力量。

举一个简单的例子，如果我们不小心划伤了自己，会认为是自己大意。但如果遭遇同样事情，我们的祖先会认为，这件器物被施了妖法。这在现实世界就是迷信，但我们的祖先却深信不疑。

虽然现代社会已经相当文明了，人们也渐渐开始相信科学，但这种迷信的思想还是存在着，生病的时候，这些人会觉得有"鬼怪"在作祟，甚至做噩梦也是被神秘的力量缠身了。就算是偶然看到了蛇，那人们也会觉得会有不幸的事情发生。

当我们看到别人这样的迷信时，总会笑他们愚蠢，但祖先们身处一个蛮荒的时代，没

▲ 原始人图腾

有正确的知识引导，他们只能信任那些神秘的力量，他们只是试图去解释那些奇怪的事情。

我们不能嘲笑和指责自己的祖先，因为他们的知识量太少了，相反，我们应该庆幸自己生活在今天这个时代，让我们能够用科学去解释那些"神秘的现象"，让我们不再困惑和迷惘。

今天，也许你还能在一些原始的部落里看到这种迷信的现象。不要再觉得奇怪和好笑了。

# 被烧毁的照片

居住在新几内亚的巴布西人曾经发生过一场重大的瘟疫。这场瘟疫使许多人病死。几乎每一间的小茅屋里面都发生因有人死亡而哭泣或因为生病而呻吟的声音。整个部落被一种恐怖的气氛笼罩着。

人们在思考着，为什么会发生这样恐怖的事情？

巴布西人在思考灾难时，首先想到了白种人。这种病是在这些白种人传教士及其家人搬来后才出现的。那么，这场瘟疫可能是他们带来的。

"一定是这些人给我们带来了灾难！"

"这些白人是会施展妖法的！"

巴布西人把白人看作是会施展妖法的，所以才让他们遭遇了灾难。为此，他们就拿起自己的长矛和飞旋镖，跑到了传教士的家里。面对着来势汹汹的莫土莫土族人的指责，传教士们只能费尽口舌去解释。即使传教士们用所有的知识去说服这些疯狂的人，但是就没有人愿意接受他们的解释。虽然他们并没有被人圈禁起来，但是这些人已经在想办法去对付他们了。

为了平复这些人的怒气，传教士们不得不用尽力气去叫喊。当这些土人们安静下来时，他也就获得了辩解的机会。但是，土人对传教士的说法并不完全相信。正在双方僵持骑虎难下的时候，一只绵羊突然出现在大家的面前。正是因为这只绵羊才拯救了传教士的性命。

绵羊变成了代罪羔羊，所有的土人都离开传教士而冲向了绵羊。在他们看来，只要杀死了绵羊就会阻止了厄运。当大家把这只可怜的动物杀死之后，也就开开心心地回家了。

即使是这样，疾病还在蔓延。这个时候，土人又开始寻找到底谁导致了这场灾难了。

这些土人再次闯入传教士的家里，看到在屋里有一张巨大的照片。这是一张维多利亚女王的照片，照片里的她穿着正式的服装，带着一种慈祥的笑容。在那个时候，这是很多英国人的家庭都有的照片。但是在这些莫土莫土族人看来，这张照片就是害得他们被病魔折磨的根源。于是，他们要求传教士去烧毁这幅相片。他们举着手中的长矛，呐喊着冲进房子里面，然后用火烧毁了英国女王的照片。同时，在传教士的家里里还发现有很多他们不知道是什么的东西：如悬挂的时钟，一些咖啡壶。因为他们从来没有见过这些东西，所以只能去猜测这些物品是用来做什么的。

曾经有一位旅行者说道："罗安戈沿海的人哪怕是看到了帆船出现，也会惊恐地躲藏起来了。他们不知道雨衣、帽子，更不要说什么是摇椅了。"这样看来，许多土人看到了自己不知道的东西就会想当然地认为是施展了妖术的工具。如果人们懂得许多的知识之后，就不会这样认为了。

这些都不是我们的推测，而是我们在洞穴里面根据所看到的巫术图画而了解到的。

# 无知带来的 恐惧

古代人并不知道世界所存在的规律是什么，他们在艰难的环境里艰难生存下来。在他们的观念里，自然界里有着一种神秘的力量，这种力量可以控制所有的生物，而人在这神秘力量面前是无能为力的。

那个时候的人甚至还认为，护身符可以保佑自己，而且不是固定一件物品，身边任何一件物品都有可能是保护自己的护身符。每一个人都可以是巫师，死者的灵魂会徘徊在人的周围，会去袭击人。那些被人打死了的猎物也会回来寻找杀他的人，并且进行报复。为了避免这一切，人们需要向神秘的力量祈祷。他们会想尽所有的办法去慰藉那不存在的幽灵，也去安慰自己。

这一切都是因为人类的无知才会具有的。

因为他们的无知，所以他们会忍受这种莫名的恐惧。这个时候的人无法主宰自己，反而像是一个哀求者。虽然他们能够战胜庞大的猛犸象，但对于自然却无能为力。因为这个时候的人类的力量是十分的弱小的。

在古代，个人的力量是渺小的，如果人们的围猎失败了，那么等待他们的命运只能是饥饿和死亡。为什么人类最后能够征服自然呢？这一切都是因为人类是集体生活的生物。

集体的力量是无穷的。在面对自然的时候，人们会集体合作。他们进行分工，一起去完成非常艰难的任务。在劳动过程中，人们收获了粮食，也在不断地积累经验和知识。而知识的积累，让人们不再惧怕大自然。

当时的人们并不知道什么是集体，也不知道集体能带给自己什么，更不知道集体所具有的力量有多强大。

那么人靠什么聚集在一起呢？大家知道，人是群居的动物。血缘是聚集的纽带，整个氏族的人居住生活在一起。孩子们和母亲、兄弟姐妹、舅父姨母等等。

原始猎人首先要感激他们的祖先。正是因为他们的祖先传授了他们狩猎的经验，才让他们不至于饿死。祖先们还创造出打猎的工具，让他们变得更加强大。他们认为，冥冥之中会有东西见证着自己的所作所为。当自己做出一些对不起氏族的事情时，将会遭遇灾难和危险。为此，他们对祖先十分敬重。

原始人和现代人的观点有很大的不同。就劳动本身来说，现代人认为，猎人能够通过打猎来养活自己。但是在原始人看来，却是野牛养活了猎人。他们这样认为，并不是依靠自己去猎杀了野牛，而是野兽们自己把肉和皮毛送给了自己。或许正是因为这样，印第安人有着自己杀死野兽的方式。他们不希望违抗野兽的意志来猎杀野兽。

在原始人的社会里，原始人认为："我们都是野牛的孩子。"这一句话也让我们知道他们对劳动本身所持的独特的见解。原始人的劳动和野兽是结合在一起的，即使野兽被打死了，他们也是怀有一份对野兽敬畏的心。他们尊称野兽为"大哥"，他们希望野兽能宽恕自己。在进行祭祀仪式的时候，他们会穿上兽皮，模仿一些野兽的动作，这也是为了让自己能更像野兽。

在当时，人们不知道"我"是什么意思。个人的力量非常微小，他们都是氏族中的一分子，也是微不足道的。在狩猎的时候，他们必须准备奉献出自己的生命。

# 会说话的 碎 片

有很多的研究者对古代发音语言感兴趣。其中伊凡·伊凡诺维奇·梅沙尼科夫就是这样的一个人。他在一部作品里面专门记录了一些能发音的碎片。在犹加吉而的语言里面，一个词语非常奇怪，如果直接翻译，就是"人鹿杀"。这个词语无法直接去理解它的意思，也不知道它究竟寓意着什么。

是人杀死了鹿？或者是鹿杀死了人？还是说有什么东西把人和鹿都杀死了？想要猜透这一个词语，是一件不容易的事情。根据犹加吉尔人的解释，如果人杀死了鹿的时候，他们会说出这个词语。那么，问题来了，这个奇怪的词语究竟是如何出现的呢？它为什么会是这样奇怪地组词呢？

我们当然不能够用现在的思维去分析这个词语是什么意思。因为这个词语的历史是在很远古的时代。在那个时候，人没有自称为"我"，他们也不知道自己为什么要做事，即使是在打猎，追逐鹿，杀死鹿，他们只会把自己和集体联系起来。即使杀死了鹿，也是整个氏族的人一起去杀死了，而不是一个人的功劳。或许，他们还认为是自然界里面的某种神秘力量把鹿杀死的。

那个时候的人类在自然面前是弱小和无能为力的。在"人鹿杀"这个词语里，没有人是主动的。即使真的打死了野兽，他们也认为是自然赐予的。在考古工作者继续发掘的时候，他们就会明显地发现当时的人害怕自然，他们非常惧怕那个神秘的力量。

其中，在楚科奇的一个句子里有这样一句话："用人来把肉给他的狗。"

这一句话是什么意思？我们分析这些语言，就会发现当时的人类和我们现代的人类存在着很大的差异。他们不会说"人把肉给狗吃"。而是喜欢说"用人来把肉给他的狗"。这样的说法，就很让人糊涂了。

在达科他人的语言里，"用我来编织"就是"我编织"。

在现代的社会里，我们还是能够从一些国家的语言里找到他们的身影。事实上，除了别国的语言有这样使用者之外，我们国家（苏联）的语言也会有古代语言的痕迹残留。例如是"使他发烧了"。那么，究竟是谁会让人发烧呢？

在现代的社会里，我们相信科学。我们不相信世界上会有什么神秘的力量存在。可是，为什么我们的语言里面还会残留着神秘力量的痕迹呢？

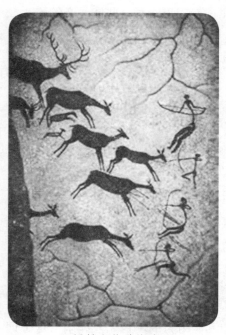
▲ 原始人狩猎的壁画

我们还在努力寻找着原始人的语言，也在了解他们的思想。可能他们认为自己是生活在一个难以捉摸的神秘的世界里面，这个世界里有一种神秘的力量随时都在控制着他们。时间慢慢地过去了，人们开始有力量去对抗自然，所以在他们的语言中出现了"我"。这代表在行动、斗争的时候，自然已经服从了自己。现在，我们不会再说"用人杀死了鹿"这样的话，而会说"人杀死了鹿"。

当我们听到"用人杀死了鹿"这样的话的时候，就仿佛回到了古代。但是，现在说这样话的人是越来越少了，因为我们取得了进步，掌握了知识，懂得了自然界的规律，所以我们就成了自己的主人。

# 第08章

## ·死而复生·

　　人类战胜了森林，在森林里面拥有了一席之地。即使面对着汹涌的江河时，人们也不会退缩，而是拿起手中的工具去战斗。江河是人们赖以生存的地方，但是在河边生活也是很艰难的事情。因为河水会泛滥，在它发怒的时候，能把周围所有的东西都淹没。

# 世界恢复生机

当春回大地的时候，冰雪消融。原本被冰封的河水解冻了。森林里的溪流，田野里的小渠，还有路边的沟河都出现了水流。它们就像可爱而快乐的孩子般欢快地流去远方。它们在石头上方跃过，一直向前冲去。它们快乐的声音使周边都染上了快乐的气息。

有些雪没有完全融化，会躲藏在山洞和山沟里面，要等到5月份，炎热的太阳和暖风才会把它彻底融化。这个时候，自然界也换上了新"装"，原本赤裸裸的山体全是青草，光秃的树枝也长出了树叶。

每到春天，这里的雪就会融化，原本盖在山顶上的"帽子"不见了。当巨大的冰壳都融化时，会是什么样的景象呢？这个时候，小河小溪已经不见了，出现的是辽阔的江河。直到今天，一部分的江河依旧在奔腾地流向大海。

自然界似乎睡醒了，荒芜的北方平原也在这时换上了新的衣裳。但当大风席卷而来，带着阵阵的寒潮时，仿佛一夜之间，生机勃勃的画面又变成了雪白的世界。而我们之前看到的一切，都不存在似的。

▲ 冰雪消融

春天和寒冷之间的斗争一直持续。在长达上百年的时间里，冰雪才慢慢地开辟出这一个地方，即使在不断后退的过程中，冰雪也会展开进攻。在它向南移动的同时，和它一起并肩战斗的北方鹿也会跟着它向南移动。苔藓和地衣很快地侵占了新的地盘。

即使是这样，温暖还是最后的大赢家。

融化了的冰雪成了汹涌澎湃的水流。银装素裹的地方也慢慢地露出原本的真面目，苔藓和地衣投降了，让出了这一块地盘，小松林疯狂地生长起来。这个演变的过程要很长的时间，到后来，这里会变成茂盛的森林。槲树和菩提树也出现了，这个地方也更换了主人了，松树让给了槲树。

那些习惯生活在阔叶树林里面的动物也开始向北迁移；野猪出现在森林里面；麋鹿、南方野牛等动物也来了；鸟儿们又陆陆续续地飞回到原来的地方。这里不再是那荒凉的、冷寂的白色世界，鸟儿一下子就让这个地方热闹起来了。

# 不断变化着的生存环境

世界总是在不断地变化着，就好比是一场大型的戏剧。在这场戏剧里，不同的时段里面会有不同的情节，每一场戏都要演上千年的时间，而其占据的舞台面积也有上百万平方公里。不同戏剧里面角色也不同，角色也非常多，人也在其中，人不是坐在一边观看的旁观者，而是要参与到里面去的。不同的情节要更换不同的背景，而每一次更换背景的时候，就是人们需要奋力挣扎的时候。布景换好了，人生活的环境也变了，他们为了生存下去，就需要不断地改造自身，也要改变自己的生活方式。

冻土带随着气温变化慢慢地向南方移动，它赶走了原本生活在这里的动物。生活在冻土带的北方鹿也来到了这个地方，原本茂盛的森林成了苔藓和地衣。原本生活在草原里的人，也不得不适应这种新的环境。在这里，没有了可以食用的野牛，只能跟在鹿的后面，随时准备攻击它们。

死而复生

在这片荒芜的地方，他们找不到什么食物。

过去，人们依靠捕杀猛犸象生存，后来猛犸象逐渐从这个世界消失了。即使有一些能够存活下来的，也随温暖的气候搬迁到南方去了。在这个冻土带里面，人需要新的猎物。于是，人类把目光投在了鹿的身上。

他们紧紧地跟着鹿群，不会在一个地方长时间地逗留。因为他们知道，只有跟随着鹿群，才能生活。在搬迁的时候，他们会把屋子拆卸下来，背在身后，一起跟着鹿群走。男人们会带上叉子和长矛。

当在这个冻土带生存了下来后，温暖的气候又回来了。这个时候，冻土带不断地向北方移动。过去只能长满苔藓和地衣的地方，又会生长出众多的树木，它们在这里茂盛地生长着，使得人又需要重新适应森林里的生活。在过去的几万年时间里面，人类就已经懂得怎么获取温暖，也懂得该如何去和寒冷的气候做斗争。在风雪交加的时候，就躲到那温暖的地窖里烧火塘取暖。

有些人已经习惯了在寒冷气候里生活，会随着那寒冷的气候一同迁移回北方。但是，这样的路真的是对的吗？有部分的人留了下来，需要重新去适应一种新的环境。但从冰冷的世界里面逃跑出来，怎么又能够逃跑回去呢？

# 人与森林的战争

我们很难想象，原本生长着苔藓和地衣的地方会演变成一片茂密的森林。这种森林和我们现在见到的森林是完全不一样的。要在这片森林里面通行，是不可能的，这片森林非常广袤，绵延数千里。甚至伸到了河岸、湖岸和海边。

人对于这个世界非常陌生。但是为了生存，还是不得不改变自己的生活方式，用他们自己的手去改造环境。在森林里，人的脚步被牵扯住了，无法自由地行动。这个时候，人类就需要与森林进行斗争，需要用工具去砍伐树林，去清除阻碍行动的障碍物。

人原本生活在草原上，不需要为选择建设营帐而犯难。但是在森林里，就需要找到一个空旷的地方，而在森林里面找到空旷的地方是很难的，为此人需要和森林争夺地盘。但是，要让人战胜自然，就需要工具来砍伐树木。

其中，斧子是最重要的工具之一。当人举起手中的斧子砍倒树木的时候，砍伐声把树林里面的鸟儿都惊飞了。树身也开始流淌出树脂，一滴滴地全都掉落在地上。人们的砍伐工作就这样断断续续地进行着，但每个人都相信有一天会在森林里面有属于自己的地盘。

人和森林的战斗一直都没有停止过。当人们在森林里面开拓出一片空地后，会用火来焚烧剩余的树木和灌木丛。人类战胜了森林后，就在里面扎营，并且在家的周围建立起围墙。奇怪的是，在人居住的地方周围有很多的树干。它们有什么用呢？事实上，这些树干都是经过一定的顺序排列插在那里的。

人类需要经过很多的努力才能够抢夺出一片土地来。有了土地之后，人开始解决食物的问题了。在森林里面他们能够找到吃的东西吗？当年在草原上生活的时候，他们可以在草原上捕猎一些野兽。但是在森林里面，人能听到动物的声音，却很少能看到它们的身影。因为这些动物大都是鸟儿，它们能在树林之间飞来飞去，而它们的羽毛和树皮的颜色很相似，有一些动物的皮毛在黑暗中无法看得清楚，这样就让人类狩猎有了很大的难度。

为此，当人发现了野兽的身影时，就会用箭来射杀这些猎物。猎人除了运气之外，还需要有精准的射箭技术和快速行动的能力。

# 猎人的好朋友

每个猎人的身边都会有一个好的帮手，它长着一双可爱的耳朵，可以敏锐地听到很细小的声音，还有灵敏的鼻子，可以嗅到不同的味道。它虽然不是人，却是人的好朋友。

当猎人打猎的时候，就需要它们的帮助。有了它的帮忙，猎人就可以快速、准确地寻找到猎物。即使是在吃饭时，它也会蹲坐在主人的身边。它跟在主人身边有很长一段时间了，大概也有几千年的历史吧。在人类没有发明霰弹的时候，就已经开始狩猎了。在这个时期里，狗就被人驯服了，开始为人类工作。

▲ 狗一直是人类最忠实的朋友

在林间的一些泥炭沼泽地，除了可以看得到人类的骸骨之外，还可以看到狗的遗骸。这就说明在很久之前，狗就出现在人的生活中了。在一些古老的村落里，还可以找到一些留有狗牙齿痕的兽骨。这能够想象得到，狗蹲坐在主人的身边要骨头吃。

我们可以想象一下，如果没有狗给人干活的话，人就不会饲养它了。而被驯服了的狗是人最好的帮手，它可以用鼻子嗅出野兽在什么地方经过。

这个助手是不错的。它不但可以听得到远处野兽的脚步声，还可以用鼻子去嗅野兽的味道。树林的味道很多，但是狗却能够分辨出哪些味道是什么动物留下来。它能够带着主人去搜寻这些猎物，这样人就省去了很多的时间。

人虽然没有狗那样灵敏的鼻子，但可以通过驯服狗而为自己服务。除了让狗寻找猎物之外，还会训练狗拉东西。在西伯利亚，我们发现在一个古代猎人的宿营地中，就有狗的骨骸和一些挽具，这说明了狗还会帮人去拉车或雪橇。

在人的传记里面，狗是重要的一部分，我们能够在传记里发现狗所起的作用。它能够到山里面去救人，也可以到战场上去背负伤员。有的狗则是在防御可能来侵犯的敌人。

即使人为了自己的利益而把狗搬上解剖台，狗也不会拒绝，它甘心为人奉献自己的所有。我们在列宁格勒的巴甫洛夫城里就看到了这么一座特殊的纪念碑。这个纪念碑就是为了纪念我们的朋友——狗。

# 战胜江河

人类战胜了森林，在森林里面拥有了一席之地。即使面对着汹涌的江河时，人们也不会退缩，而是拿起手中的工具去战斗。江河是人们赖以生存的地方，但是在河边生活也是很艰难的事情。因为河水会泛滥，在它发怒的时候，能把周围所有的东西都淹没。到了春季，冰雪会融化，江河就会变得格外凶猛，它暴怒地冲走了树木和房屋。面对着这样的状况，人们只能去重新修建自己的房屋。

人们不知道河水会在什么时候泛滥，但是在长时间的相处之后，还是大致地知道它的"脾性"。人们用自己的智慧来制服它，他们用绳子把树木绑在一起，就可以乘坐这些简陋的木筏漂在河流上。人们也明白修建房子时要选择高地，这样，无论洪水如何泛滥也不用担心房屋被冲走了。

这是人类战胜江河的第一步。人们还可以修建堤防和水坝。人和江河的斗争持续的时间很长，他们花费了很多的精力来应对江河所带来的一些困难。即

▲ 人们乘坐竹筏，到江河里去打鱼

使有这么多的困难，人们依旧会选择到有河流的地方去生活。这是为什么呢？是什么原因导致人们一定要居住在这里呢？

人们的生活离不开河流。在河流里，人们可以找到食物，人们乘坐竹筏，到江河里去打鱼。但是，捕鱼和狩猎所用的工具是不同的，他们需要制造一些不一样的工具，鱼叉就是最常用的。鱼叉的外形和长矛是不一样的，但也有相类似的地方，人们可以在水深的地方，用鱼叉来刺杀水底中的鱼儿。此时，渔夫也知道用网来捉鱼。

正是因为这样，人们才不能离开江河。但想要在河边生活下去，还要战胜江河。

## 船的原始雏形

在 19 个世纪，人们在拉多加湖附近的考古挖掘中发现了很多人的头盖骨以及部分石器。考古学家在这个沼泽地里，找到了埋藏了多年的古老的化石以及一些骨头。这些东西都是埋藏在地底下的历史见证，为我们讲述了过去的历史。

我们能够看到的石器有的是石斧，有的是石刀，有的是鱼钩，还有的是箭头。这些东西给我们展示了过去，告诉了我们先辈在那个时代的生活方式。

考古学家仔细地研究了这些石制的器具和骨制的工具，还从地底下意外地找到了一艘非常完整的独木舟。这只独木舟受到了太大的侵蚀，外形和我们现代的木舟是很不一样的。我们现在的木船多是用木板拼装的方法建造的，但这艘古老的木舟是用一整棵槲树建造的。如果仔细地观察，还可以看到槲树树干上的纹路，以及石斧残留下来的痕迹。

如果是顺着纤维砍，船身表面会削得十分光滑。但是在一些地方是要竖着砍，这些地方就不怎么美观了。有的地方还会被砍得凹凸不平。斧子是做不了这些工作的，那祖先们会用什么办法去解决呢？他们就会想到火！

他们用火来烧灼船身，被烧灼之后的船身会产生一层裂纹。可不要小看这一制造工序，这在当时来说是很难得的。对于古人来说，制造这样的船是十分困难的。但为了谋生，他们只能用心去做好。他们会用斧子的刀刃打磨船身，这就需要把斧子变得锋利，于是打磨的工具就诞生了。人们会选择用石锤来敲打，然后用磨石来打磨。加工之后，斧子就能变得更加锋利。

制作好了独木舟后，人们就把它运用到实际的地方去，会用它来捕鱼。即使有了独木舟，当时的人也不敢到太远的地方去。即使知道湖里面有很多鱼，他们还是不敢冒险。因为在人的印象里面，水虽然是十分温柔、安静，但水也有勃然大怒的时候，所以他们不敢去触犯水。

再大的风雨也无法打倒槲树。所以用槲树制作的小木舟到湖里面去的时候，也会被弄得起伏不定。在这个时候，人会变得非常惊恐，他们不知道如何处理。他们也不知道该怎么回到陆地上。

人是生活在陆地上的，所以对于湖还是有一种莫名的畏惧感的，但他们依旧希望能够征服水，过去的人不敢随意地穿越过无形的墙。而现在的人，已经可以毫无障碍地穿越这一堵墙了，他们不再用独木舟去征服水了。因为他们现在已经懂得如何建造出更巨型的船，他们通过这些工具，前往新大陆。

▲ 现代精制的独木舟

# 伟大的工匠

　　你和材料打过交道吗？你知道和材料做斗争是件很困难的事情吗？当你赢得胜利的时候，你知道这是多么值得高兴的一件事吗？当你手拿一块木头时，脑海里不断地涌现出你要制作的模型。或许，你会认为这很轻松和简单。但是，当你拿起锯子去尝试时，你就会认识到这是一件很艰巨的工作了。

　　当工具不能够完成他们的工作的时候，他们就需要创造另外一种工具了。刀子不可以切割，那就需要用斧子来完成。如果连斧子都不能够，那就需要锯子了。经过多次的努力之后，终于可以把小木头打造成自己希望的那个样子了。这代表着最后的胜利。因为工具都经过了长时间的发明和改进的。有很多的工匠在一起奋斗，才能够获得最后的成功。

　　或许你对于使用刀斧和锤子的工匠已经有了解了。但是，你知道他们是怎么干活的吗？不管是木匠，还是掘地的工人，他们都穿着兽皮，拿着简单的工具，制造出简单而拙劣的工具。即使是制造出一艘很小的船，也需要花费几个月的时间。制造罐子也不是一件容易的事情，建筑工人、冶金工人以及化学工人，都是在木工、掘地工人的基础上发展而来的。为此，我们不能够看不起他们，他们用圆盘捏制泥罐，使得一块小小的黏土变成一个个圆形的罐身了。工匠除了会烧制陶罐之外，还能研发出许多新的材料。

▲ 陶瓷是人类第一次通过化学反应制成的用具

　　在以前，工匠们只知道如何改变石头和骨头的形状，他们丝毫不知道该如何去研发出新的材料来。但是，当把黏土放到火上烧灼的时候，他们发现了黏土所具有的性质突然发生了改变。烧制之后的黏土不是烂泥了，而是成为可以用来装水的坚固盛器。

火就这样成为人最好的伙伴。在严寒的气候里，火可以驱赶寒冷。现在，火帮助人去发现新的物质，这个时候的人已经懂得如何去取火了，用两块木头相互摩擦就可以取到火了。在知道了火让黏土变硬之后，人们就用火来烧黏土，煮食物。工匠们还会用火来烧铁和玻璃等东西。到现在，他们还是需要靠火来提炼和加工东西。

# 特殊的证人

考古学家在原始猎人的宿营地里面寻找到了许多陶器的碎片。从这些陶器碎片上看，一些简单的花纹可以为我们揭开罐子是如何制作而成的面纱。首先，他们是用树枝编一个筐子。然后他们再把黏土涂抹到上面。当火烧制的时候，筐子就烧毁了，但罐子被保留下来了。所以，我们可以看到罐子上有歪斜的格子纹。

即使后来人们已经懂得如何去捏制黏土来制造出外形，陶工还是要在罐子上面划一些斜格子花纹。因为他们认为这些罐子和前辈烧制的花纹如果不一样的话，是无法使用的。如果花纹改变了，这种神秘的力量就会不平衡，一定会带来新的灾难。有些陶工还会把狗画在陶罐上。狗在古时候帮助了猎人，所以狗在古人的心目中，地位是很高的。

世界上很多地方都出现过陶器的碎片。法国康比尼镇里有一块神奇的陶器碎片，这并不是说这片碎片有多么漂亮，而是说这块碎片上面竟然发现一个大麦粒的印子。这个小印子就说明了当时的人已经知道种植谷物，并且已经有了农业。

那个时候的人除了要当猎人和渔夫之外，还是农夫。

当部落里面的人都出去狩猎和打鱼时，妇女和孩子们要待在家里。妇女们拿着陶罐去采集浆果和坚果，而孩子们会在一边帮忙。妇女们喜欢弄到野蜂巢，因为这是她们非常喜欢的食物。曾经在山岩石画上看到一名妇女采集蜂蜜，当时她被周围的蜜蜂蛰咬，但还是坚持摘取蜂巢。

▲ 埃及农耕壁画

当猎人们满载而归时，妇女们就要把这些食物储存起来。因为单靠狩猎是无法长久生活的，她们要为以后打算。在冬天的时候，他们不能够常出去采集，这个时候就应该多囤一点食物。

气温慢慢地回暖后，他们又变成了农夫，他们把种子小心地播到田地里去。刚开始的时候，妇女们不知道是自己把谷物的种子洒在田地里，播种是自然进行的。正是人们在无意之间撒下了种子，因此创作出了来年的大丰收。

妇女们种植这些种子时，还会做一件向神明祈祷的事，她们希望能够在来年有一个好的收成。当收割完之后，她们要把最后一捆麦放在地上，然后围着它开始载歌载舞，她们这样做也是给神明看的，希望得到神明的保佑。

# 已经发生改变的传统仪式

　　在过去，"秋收节"是很重要的节日。每到收割完之后，妇女们就会在一起欢乐地载歌载舞庆祝。她们把最后收成的一捆麦绑上头巾，还要给它穿上裙子，妇女们就会手拉着手，围着这一捆麦跳舞。她们唱歌的声音非常大，连邻村的人都能听到：

　　　　在我们的田里，
　　　　今天秋收完毕，
　　　　感谢上帝！
　　　　收完这一片地，
　　　　耕完那一片地，
　　　　感谢上帝！

　　她们除了庆祝今年的丰收，还要向神明祈祷明年的收成会更好。事实上，这样的仪式有很长的历史。到今天，我们还能够听到那样的一些歌谣，是孩子们在用稚嫩的童声唱：

　　　　我们种粟，种下了，种下了，
　　　　唉地拉都，种下了，种下了……

　　童谣也是古老的一种仪式。在漫长的岁月里，这种仪式中的巫术意义已经没有了，到现在纯属娱乐。在人们的心目中，云杉树是很陌生的。当春天来临时，人们就会围绕着云杉树跳舞欢庆，而孩子们也喜欢用小

 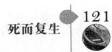

东西来装饰云杉树，那些古老的仪式和咒语到现在还在童谣和民谣里被传唱。

古时候唱歌是为了祈祷来年风调雨顺，现在唱歌主要是为了快乐，即使是成年人也喜欢享受这样一个唱歌的过程。

"卡尔纳瓦尔埋葬节"在意大利和法国，还是受到广大人民的喜爱。大家在这一重大的节日里出游，他们会把自己打扮成非常恐怖的尸体。那些掘墓人也会很严肃地前行，他们嘴里刁着烟斗，有的人还会在衣袋里面装一个酒瓶。这些扮演的人在经过大街小巷时，他们所进行的滑稽表演会引得观众哈哈大笑。当仪式结束之后，就是尽情地狂欢了，那些化装的人也会和大家一起在街道上欢呼，此时广场上会响起欢快的乐曲，大家都在尽情地跳舞歌唱。

如果你真的想要去了解这奇怪的节日，那么当地人也不一定知道答案。漫长时间里，人们已经不知道这个节日有什么意义了，但大家在这个节日尽情地欢声笑语，古老的习惯和信仰都凝聚在一片笑语里。

# 神奇 的 仓库

妇女们要用耒耜翻松泥土，男人要出外狩猎。男人们为家里人捕获更加多的食物，当孩子看到父亲和哥哥回来时，会兴奋地冲上前去。他们很希望自己是第一个知道今天打猎情况的人。如果顺利的话，男人们会带着那血淋淋的野猪或者是鹿回家。最让孩子们喜爱的猎物是那些活的野兽，小羊羔或者没有角的牛犊，这些小动物是孩子们最喜爱的宠物。

猎人不会立刻宰杀这些俘虏。他们会把这些小动物圈禁在一个栅栏里面，并且喂它们吃的。如果家里面一时没有什么肉吃的话，那么这些圈禁着的动物就会是他们的粮食。他们看着小动物在长大，而且数量也在增多，他们会很开心。刚开始，人饲养牲畜主要是获取牲畜的皮毛和肉。但是，当他们饲养了它们之后，慢慢地发现了许多好处。猎人们传统地认为，这些牲畜捉了回来是要杀死的，但他们自己也没想到，不杀这些俘虏会让自己获得更多的好处。杀了一头牛，只能吃它的肉。但是不杀，却能在未来的几年里，喝到美味的牛奶。而长大之后的牛，还有更加多的肉来满足他们。如果是母牛的话，还会生下更加多的小牛犊，这样就不用去狩猎，也有肉吃了。

▲ 原始社会农业活动壁画

羊和牛是一样。狩猎羊也是为了羊毛和羊肉。杀死一只羊，也只得一张羊皮，但养活它，就能够获得更多的羊皮。看来，养活羊会更加划算。这是猎人们经过很多年才慢慢地想到这一点的。于是，猎人就慢慢地变成了牧人。

人们还会去采集一些谷粒，然后把谷粒撒到田地里去，到秋天会结出了更多的谷粒。就这样，人类开始靠自己的手来获得更加多的粮食，而现在妇女也不需要到远处去寻找谷物。这个时候，人们已经开始懂得留下活的猎物，可以让自己收获更多的猎物。他们对自然的依赖程度不如从前了，猎人们不会为没有打到猎物而担心了。

人类开始用自己的双手来建造仓库，仓库是人类用自己的劳动来建成的。可是，无论是种田还是放牧都离不开土地。人类开始用火来燃烧，开拓出新的土地。想摆脱掉自然的束缚，就要在新的土地上耕种，就需要去翻松土地，就需要用双手去克服重重的困难。面对着自己创造出来的一切，他们从内心感到高兴。但是，他也会为此而产生担忧，庄稼会因为干旱的气候而枯萎，也会因为水涝而淹死。所以，他们祈祷神明能保佑自己。

或许他们并不知道，自己已经比以前更加有力量了。但他们依旧祈祷着上天能赐予他更多的粮食。他们完全没有想到，这一切都是依靠自己的辛勤劳动得到的。

# 第09章

## ·神明也会走动·

　　在众多的生活物品中，我们都能够轻易地寻找到那些人造材料的身影。人造材料是什么？就是在自然界里面无法直接得不到的东西。我们不能够在自然界里面找到盖房子的砖头，也无法找到精美的瓷器，更无法找到钢铁和纸张。但这些东西又是生活所离不开的，所以，他们就要利用自然界里的材料进行加工制造。这些加工之后的器物，到后来连创造者都不知道它们原本的是什么东西。

# 回到过去

让我们再回到遥远的过去吧。在那时地球上，有什么变化呢？远远看去它已经裸露出自己的"秃头"了；原本茂盛的森林也变得稀疏了；草原慢慢地侵占了森林。最终，生长在河流两岸的森林也被迫搬离了，把地盘让给了那些芦苇和灌木。

但是有一些奇怪的东西也开始出现在河湾的山丘上，就好像是一条黄色的围巾被扔在上面。原来这是人改造过的土地——妇女在谷穗中间，用镰刀快速地飞舞，刈着谷穗。

在这本书里，我们已经知道有锤子了，但是镰刀还是第一次看到，它和现代的镰刀是不一样的，它是用石头和木头做的：石刀装在木头框子里。这片田地是地球上最早的田地，在人类还没有触及过的自然界里，这种土地是非常少的。杂草从四面八方的包围着谷穗，但那时候的人类还不知道如何拔除杂草。即使是这样，谷穗还是成长起来了，再过一段时间，它就会蔓延成黄色的海洋。

还有一些小小的东西出现在河边的青草地上。这些小东西会移动，时而四面八方跑去，时而又回来聚在一起。黄的，白的，花的，不同的颜色组成了美丽的画面。有的大些，有的小些，这就是牛群和羊群。在这个时候，被人类驯化过的动物还很少。但是这些牲畜比一般的野生动物繁殖力更强。因为人照顾它们，让它们不再需要为吃饱肚子而烦恼，所以经过两三千年之后，这一些家牛会在数量上会比野牛多。

这里有天地，畜群，不远的地方就会有村庄。它就坐落在被河水冲刷出来的地方。现在的村庄和以前猎人居住的营帐是不一样的，他们不再依靠木桩和树枝来搭建自己的茅房。这个时候的屋子也改变了模样，是那种两面斜

▲ 早期农民农忙图

着的屋顶，黏土糊在墙上，梁木从屋顶下面伸出来，上面是木头刻上去的公牛的头。很显然，这是房子的保护神。

孩子们在这里玩着自己的游戏。母猪和小猪也在快乐地生活。火光透过开着的门透出来。可以看见老婆婆在火塘边烤火，她把饼放在火灰上，然后扣上黏土罐子，这罐子就是我们现在的烤炉。刻着花纹的木钵和木碗就放在她旁边的长凳上。

这里到处都是烟、粪和新鲜牛奶的气味，这是我们熟悉的乡村的气味。

让我们走出村庄，再到河边去看看吧，有独木舟静静地呆在那里。

如果我们能找到喝水的源头——湖的那边，我们可以看到那里也有一个村庄，可是和这边的完全不同。这村庄没有在陆地上，而是在水中央。

湖底里都扎着很深的木头，木桩上还安着圆木头，圆木头上面铺着木板，有小桥从岸边可以直接通到木头房子上，房子的墙上挂着许多渔具渔网。

湖里有好多的鱼。但这里的居民不仅仅是依靠打渔生活的，我们在房子中央看到了有尖顶的谷仓，那里面是谷物，谷仓旁边的牛栏里还有牛在叫着。

这个古代的村庄已经从现实世界中消失了。水已经淹没了曾经的小岛，想在湖底找到房屋的残余，已经是不可能的。但是有时候，湖泊会自己干涸，那么保存了许多世纪的东西自己就出现了。

# 关于 湖 泊

1853年，瑞士遭遇大旱灾，江河干涸。湖泊也变小，湖底的淤泥也露了出来。位于苏黎世湖畔奥博梅仑镇的居民决定从水中找一块土地，于是开始筑堤坝，他们首先要做的是把从水底里露出的土地和湖泊隔开。

人们开始工作了。他们把湖底的土用马车运走。突然一个挖掘工人挖到一根半腐烂的木桩，紧接着是第二根、第三根，后来越来越多。显然这地方是很久之前人们生活过的地方，不久，越来越多的石斧、鱼钩还有罐子的碎片都被从土里翻出来。考古学家闻讯立刻赶来，他们小心地研究着这些从湖里找出来的木桩。

现在已经有很多村庄都被找到了。

如同馅饼的馅料和面粉容易区分一样，这里也可以轻松地把一层层的地层分辨出来。下面是一层沙，上面是淤泥，最里面夹杂着住屋里面残留下来的东西，淤泥上面又是沙。这样重复多次以后，有一个地方在两层沙中间还夹杂着一层很厚的炭。

这是怎么回事？

沙子显然是被水冲过来的，但是炭呢？很明显，这是火的作用。

科学家研究了地层以后，就知道了湖泊的全部历史。很久以前人们在突出湖面的陆地上建造了自己的村庄。后来湖水泛滥，把村子淹没了，人们只得丢下淹没的村庄离开了。建筑物就在水里慢慢腐烂、倒塌。从前燕子飞来的屋顶只能是小鱼在来往。长着牙齿的梭鱼在敞开门的房门里游出游进，虾在火炉下面活动。淤泥埋没了废墟，沙子遮盖了一切。

可是湖水也不是永久的，当湖水退去的时候，湖底就露出来了，村庄的沙地又出现了。但是村庄却已经看不见了，只留下了这些破碎残留的废墟。人们又回到了岸边，重新开始工作。坚固的新房子又建造起来。人和湖之间就是这样反复较量着——人们建造起来，湖水又毁掉它。最后人们决定不再居住在岸边，而是在湖里打进了高高的树桩。这样，人们就可以从地板缝隙里看到水在自己脚下。现在人们已经不再害怕水了——不用管它了，反正不管怎么涨都无法够到地板。

在远古时代，人们居住在洞穴里时，是不怕火的，因为洞穴的石壁是不会着火的。但是木头房子出现之后，火就变得可怕了。

几千年以来，火一直没有祸害人类，现在也伸出了魔爪，在纽沙特尔湖底找到的炭层就是古代大火留下的遗迹。

那个场景一定很恐怖。人们为了活命，抱着孩子跳进水里，吓坏了的牲口们也害怕地吼叫着，但是人们已经无心去照顾它们了。

火灾对于居住在木头村庄的人们是大灾难，在烧掉的房子中我们找到了重要的东西：木器、渔网，还有植物的种子和茎干。

这真是个奇迹：毁灭者为什么能把它本来能够烧掉的东西保留下来？

应该是这样的。

东西烧着了以后，掉到水里。而水却保护了它们，这些东西就被保留下来了。在湖底它们可能会烂掉，但因为它们被火燃烧过，表面已经完全碳化，所以就不会腐烂而留下来了。如果水和火不同时发生，那么这些东西会被毁灭掉，但如果它们一起行动，像几千年前麻布这样不结实的东西也都保留了下来。

# 布的雏形

刚开始的时候，没有织布机织出布来，人们是用手来制作。现在的爱斯基摩人，还不懂得怎么用机器去织布。他们只会用手编布，他们把纵线和经线交织起来，用手指作为梭子去编布。

▲ 人类早期的麻布

我们现在还无法从这些绷着线的框子中看出是织布机的雏形。但是，我们必须承认，织布机的原型就是这样的方木框子。我们在湖底找到一些破布，这些破布已经被碳化了，黑漆漆的，根本看不出原型来。但是我们可以从中知道，当人们用麻来编制衣服之前，他们就开始穿这些人造的兽皮了。

在布还没有诞生时，已经有了针。人不用针来缝制兽皮，而是用来缝制麻布。为了有充足的麻，妇女们需要照顾那些长满了淡蓝色花朵的麻田。妇女们完成了收割的工作，顾不上休息就要到田地里面去把麻拔了。这些麻需要她们反复地清洗，洗完后再放到太阳底下去晒干，这样的工序需要重复好多次。然后她们就会用搓麻器让麻变得柔软，接着再把麻梳理得整整齐齐。妇女们用旋转纺锭，让麻丝变成麻线。这些工序都完成之后，人们就开始织布了。

妇女们通过这样的劳动，就能编织出美丽的头巾以及一些华美的裙子。

# 人创造出来的奇迹

在众多的生活物品中，我们都能够轻易地寻找到那些人造材料的身影。人造材料是什么？就是在自然界里面无法直接得到的东西。我们不能够在自然界里面找到盖房子的砖头，也无法找到精美的瓷器，更无法找到钢铁和纸张。但这些东西又是生活所离不开的，所以，他们就要利用自然界里的材料进行加工制造。这些加工之后的器物，到后来连创造者都不知道它们原本的是什么东西。

矿石可以冶炼出铁来。但是，铁和矿石完全不同。制造瓷器的材料是黏土，但是我们无法从瓷器上，看到黏土留下的痕迹。除此之外，还有混凝土、玻璃纸、塑料这些材料，我们根本看不出它们原来的模样。

当人知道如何去运用这些材料的时候，他们会更加自由地去开采自然界里面的材料了。刚开始的时候，他们只会用石头去砸石头。而现在，已经可以在显微镜下用分子来工作了。

当化学还没有出现的时候，人已经懂得怎么尝试去改变物质。即使开始并不知道自己这样做是为什么。

刚开始烧制黏土的时候，他们还不知道如何掌握这种物质，想要用手来直接改造那些微小的分子，但这是不可能实现的。因为这个时候，靠手的力量是达不到目的的，我们需要依靠另外一种力量来改变物质。

人知道生火的时候，就知道把火作为自己的得力助手，这是一种很强大的力量。它能够烧制出陶器，还能烤制面包，也可以冶炼出铜来。在一些湖底里，我们可以寻找到早期铜器的身影。

在几十万年前，人都是使用石头制造而成的工具。为什么后来会懂得制造出金属工具？他们的金属是从哪里得到的？

我们在森林和田野中找不到一块铜。在过去，铜是一种非常罕见的物质。但是在几千年前，铜是随处可以看到的。几乎走到哪儿都能够看到铜的身影。当时没有人看到它有什么样的价值，因为那个时的人，都是在寻找燧石来制造工具。

▲ 早期青铜器

人对燧石的消耗十分巨大。由于对这些珍贵的石头不珍惜，使得燧石的储存量越来越少了。这个时候，人开始关注随处可见的铜了。那些破碎的燧石已经不可能再制造出大块的工具了。所以，他们开始感到了恐慌。或许我们还无法理解他们在恐慌什么。但我们不妨试想一下，没有了燧石，他们就失去了最有力的武器。如果现在的工厂和作坊都没有了铁，人们的生活会如何呢？或许，他们就会不断地去地球的深处寻找可以代替铁的东西。远古时候的人也是这样做的，他们放弃了燧石，开始把目光投放在了矿井上。

那个时候，人在矿层里面发现了许多石灰石。因为石灰石和燧石是在一起的，所以，人们对它不陌生。想要获得燧石的替代品，人就必须到地底下更加深的地方去。在地底下，他们拿着那小小的油灯往前走。

现在我们都知道，在挖掘地洞的时候要用木头来支撑矿井和坑道，这样做可以避免坍塌。但是古人却没有这样的意识，他们在挖掘的时候，经常会遇到石块坍塌而导致生命危险。考古学家们在很多古代燧石矿里面找到了很多惨死在矿井内的工人骸骨。在很多矿井里面，还能够找到用鹿角制作成的镐头。

考古学家们还在矿井内发现过两副人的骸骨，一副是成年人的，一副是小孩子。我们可以知道这应该是父亲带孩子到矿井内干活，最后遇到了坍塌而惨死在矿井内。

随着人不断地挖掘，燧石的数量在不断地减少。到最后人们难以再找到燧石的身影了。但是，很多工具是需要用燧石制作的。所以，人就开始去思考，有什么东西可以代替燧石？这时，满地的铜就能解决他们的问题了。

人们拿起地上的铜块，尝试用锤子去捶打它。在他们的认识中，铜和石头是需要用锤子来敲打。但是，他们发现经过敲打之后的铜变得越来越坚硬。而且还能够改变形状，还可以用它来划破一些东西。但是，如果敲打的力度使用不当的话，铜块会被打得支离破碎。这样，就无法使用了。

这样敲打使人们找到了加工金属的途径，然而这样的加工只是冷加工而已。后来，当人懂得了冷加工的技术之后，热加工就会进入人们的视野了。他们会把一些矿石扔到火堆里面去烧制，经过燃烧之后，这些石块就变成了铿锵光亮的铜了，铜在燃烧后会变成一个铜饼。他们自己也没想到，自己能创造出这样的奇迹来吧。那墨绿色的石头变成了带着光泽的红铜。他们把这铜饼再分割成一些小块的铜块，再经过敲打之后，这些小块就变成镐头和短剑了。于是，人的仓库里面就出现了很多金属。

人类就是这样，不断创造出了新的奇迹。

# 用劳动来计算时间

我们常见的时间单位是年、世纪以及千年。但你深入地去研究古代人类的生活，那么历法是另外一种形式。这种历法是劳动历。它主要是根据人类发展的阶段来确定的。

在现代的日历里面，量度时间的单位是不同的。如小时、日、月、年……这些时间单位大小不同。而在劳动历里面，我们也可以找到大的与小的尺度。在石器时代里面，我们可以"打制石器时期"和"磨制石器时期"来区分。现代的日历与劳动历是完全不一样的。即使是现代社会，还是有人会选择使用石器。在波利尼西亚，就有些村庄还在用木桩来建造家。不同地方的人，发展的速度是不一样的。有的地方位置偏僻遥远，无法和外部的民族相互交流，那他们发展的速度就会很慢。

而在欧洲是不会出现这样的情况的。在欧洲的某一个地方如果有人使用了铜斧或者是陶盆，那么很快就会传播到另外一个部落里面去。要不了多久，整个欧洲的人都在使用铜斧和陶盆了。

不同的部落的制品也是不同的。有的部落燧石比较多，有的部落鱼比较多，有的部落以陶器著名。人们会用自己的制品去交换，随着制品的交换，经验和劳动的方法也开始传播开来。但是因为不同部落的语言不同，所以只能够用肢体语言来表达自己的意思。即使是这样，他们还是可以去模仿别的部落的语言。几个部落的人交流多了，不同的思想就会慢慢地交织在一起。不同的部落里，人们信奉的神明也是不同的。这众多的神明都是神圣而不可侵犯的。经过长时间地交流，思想也会慢慢地融合起来。于是就慢慢地形成了民族宗教信仰了。

神明会跟随着子民的脚步到不同的地方去，也会被人称为不同的神。

在研究古代民族宗教的时候，有人就发现巴比伦的塔木兹、埃及的奥西里斯以及希腊的阿多尼斯其实是同一个神。这个神在各地都受到农夫们的欢迎与敬重。

在地图上，我们可以知道神明的旅行线路。如阿多尼斯曾经走过叙利亚，然后来到希腊，也去过闪米特人居住的地方。我们在闪米特人的语言里知道"阿多尼斯"是主人的意思。只不过希腊人直接把这个词语转成名字了。

物品在不断地交换着，语言也在不断地沟通着的，信仰也随之不断地融合着的。

在物品交换的过程中，也不是一帆风顺的，冲突偶尔会发生。部落之间会为抢夺金钱和物品互不相让。所谓的交换不过是抢夺而已。有时候，他们会为了物品而格斗。有的村庄会被人侵扰，于是为了防备，他们修建起高高的围墙和栅栏。

部落与部落之间是不信任的。他们认为只有自己部落里的人才是人，其他部落里的人不算人。对于自己部落里的族人，他们将其称作"天的仆人""太阳的孩子"，但是对于其他部落的人，他们却会用一些绰号代替。可笑的是，这些绰号到后来就会成为这个部落的名字。

▲ 16 世纪后期的美丽印第安人部落

直到现在，印第安人里有的部落还被人称为是"灰鼻子""歪心眼儿人"。部落里的人都有憎恨仇视的心理，即使是到现在，我们还是能够看到这些陋习的存在。

从远古时期到现在，都有人会有仇视其他国人的种族思想。在这些人看来，只有自己才算是人，其他种族的人只是那些低等的动物而已。在古代原始情感和原始信仰里，我们会感受到他们排斥外人的心理，他们会去仇视外族人。

但是，研究历史让我们明白，世界上没有任何一个民族是高等或低等的。在文化发展的过程中，有的民族走在前面，有的民族落后。但在劳动历看来，大家相处的时代差别是存在的。

事实上，轻视别的民族是犯罪行为。也许欧洲殖民者在登陆新大陆时，看到处于石器时代的波利尼西亚人时，是不愿意相信自己的祖先也这样生活过的。

# 第10章

## ·两个世界的斗争·

澳大利亚土著妇女发现了一块欧洲人种满了马铃薯的田地，这对于她们就是发现了一个天堂。因为她们平常辛苦地去干一个月所收获的粮食，比在这里挖掘一个小时的粮食要少得多。当她们正兴高采烈地挖掘这些食物的时候，枪声响起了。或许直到死亡降临的那一刻，她们也不知道自己到底因为什么而死亡，不知道是什么东西剥夺了她们的生命。

# 新旧文明的制度

来自欧洲的旅行者乘坐大船，穿过海洋，开辟了新的世界。在航行中，欧洲人发现了新大陆，也找到了被人遗忘的过去。对于欧洲人来说，发现澳洲新大陆属于一种巨大的成就，但对于澳大利亚人来说，这却是一个不幸的开始。

如果根据劳动历来计算的话，此时的澳大利亚人生活在过去的时代中。对于欧洲人的风俗习惯算不上很了解，而对于欧洲人那些墨守成规的秩序规则，他们更不是很清楚。所以，他们受到了不公平的对待。他们就好比是自然里的野兽，被人追击、迫害，使他们的生活受到了严重的影响。

欧洲人居住的都市里此时已经矗立着高大建筑物。但这个时候的澳大利亚人，还生活在简陋的小草房子里面，澳大利亚人的字典里没有私有财产这个词。

▲ 欧洲人殖民澳大利亚时，残酷地杀害土著居民

两种人在观念上有巨大的差别。某些事情在澳大利亚土著人看来，是很正常不过的，但是在欧洲人看来，就是一种犯罪的行为。例如，当澳大利亚人看到一群绵羊的时候，他们会十分兴奋地冲上前，用工具去猎杀它们；但在欧洲人看来，这是一种不可以饶恕的行为，他们就去阻止。

欧洲的牧主认为这些绵羊是属于他们的私有财产。但在澳大利亚的猎人眼里，这是幸运之神眷顾给他们的礼物。

欧洲人认为："只有喂养和购买绵羊的人，才是绵羊的主人。"但是这在澳大利亚土著人看来是十分荒唐的。他们固执地认为："野兽应当属于追击和捕杀它的人。"

于是，欧洲人举起手中的枪，开始射杀那些抢羊的澳大利亚土著人。在欧洲人的眼里，这些澳大利亚人就像是一群恶狼在抢夺财物。

还有，澳大利亚土著妇女发现了一块欧洲人种满了马铃薯的田地，这对于她们就是发现了一个天堂。因为她们平常辛苦地去干一个月所收获的粮食，比在这里挖掘一个小时的粮食要少得多。当她们正兴高采烈地挖掘这些食物的时候，枪声响起了。或许直到死亡降临的那一刻，她们也不知道自己到底因为什么而死亡，不知道是什么东西剥夺了她们的生命。

正是因为澳大利亚土著人与欧洲人在文明程度上相差了几千年，所以，在两种文明摩擦下，澳大利亚土著人就吃亏了。

除了澳大利亚人外，就连新大陆——美洲，也面临着同样的斗争。

# 发现新大陆

当欧洲人在美洲登陆时，还以为自己到了另外一个新世界。在哥伦布所获得的一个勋章中写着：

> 为了卡斯提尔和雷翁，
> 哥伦布发现了新世界。

但是这个所谓的"新世界"，并不是一个新的世界。也许欧洲人也不知道，那个时候的美洲正给他们呈现出不一样的过去的历史。

当欧洲人来到这块新大陆的时候，普遍的看法是印第安人就是野蛮的人，

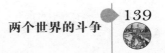

两个世界的斗争

139

甚至他们的风俗习惯也是野蛮的。印第安人和欧洲人在居住的房子、服饰、秩序，都有很大的差别。那时，来自北方的印第安人使用的是传统的石头和骨头制作而成的工具。他们不知道，这个世界上竟然还有铁这类的坚硬工具。虽然他们也知道怎么去种植玉蜀黍、南瓜、豆子以及烟叶。但是这些种植的工作不是他们生活的主体，只有打猎才是他们生活最重要的一部分。他们居住的房子是用木头建造的，在村庄的周围还有很多栅栏围着。

再往南移，会看到一些印第安人用一些铜制造而成的工具，还有用金打造出来的装饰品。他们还知道选用一些没有烧过的砖和石膏建造大房子。

我们能够知道这么多事情，都是当时的殖民者和侵略者详细地记录在他们的日记里。

在美洲，秩序是一种很奇怪的东西。刚到美洲的欧洲人，对于这里的一切都感到非常的奇怪，尤其是当地人的秩序。他们认为这里的秩序是混乱的，简直没有秩序可言。在这个世界里面，没有金钱，也看不到商人。这里没有富人和穷人。即使这里已经有些部落知道自然界有黄金的存在，但是他们并不知道黄金潜在的价值有多大。

哥伦布的水手们在这片新大陆登陆的时候，看到当地人都穿戴着众多的金饰。不管是鼻子里还是脖子上，都是黄金饰物。当地人很乐意拿出一些黄金去交换"廉价"的东西，例如破布头、铃铛、小珠子等等。

或许刚来到这里的人都认为世界上所有的人都是有等级差别的。有的人是主人，有的人是奴仆；有的人是地主，有的人是农民。当他们在这片新大陆登陆时，发现这里的人没有什么等级划分，他们都是平等的。即使他们打败了敌人，把他们俘获了，也不会让俘虏变成奴隶的。他们不会杀死俘虏而是把他当作是自己的亲人。

在这片大陆上，没有私人的城堡，也没有私人的房屋和财产。这里的人都是居住在一间大的公共房子里。同一个氏族的人都生活在一起，他们共同管理公共的财务。这里的土地也不是属于个人所拥有的，而是整个部族的人共同拥有的。这里所有的人都是自由的，也不会去别人的田地里面干活。

生活在封建时代的欧洲人觉得这是十分荒唐的事情。

在欧洲，如果你拿了别人的私人财产，警察就会逮捕你，还会投入监狱。可惜的是，这里一切秩序都不一样。这里没有私人财产，也没有警察和监狱。即使是这样，他们还称自己独有的秩序，当地人也在维持着这个秩序。

在欧洲的社会里，政府的职责是：不要让穷人去抢夺富人的财产，不许奴仆去反抗主人的命令，让农奴代替地主在田地里面工作。

但是在印第安人的社会里，这里的人都要保护这同氏族和同部落的人。如果氏族里有人被别的人打死了，那么整个氏族的人都会为这死掉的人去报仇。当然有时候会出现一些特殊的情况，如凶手就是所在的氏族的人，那么只要送来一些礼物请求宽恕，就可以和平地解决纷争了。

我们知道在欧洲社会里面，皇帝、国王和公爵是存

▲ 哥伦布抵达美洲时，当地人像对待神明一样膜拜他们

在的。但是在这里，却没有这些人的身影。部落所有的事物都是由部落里的首领解决的。当部落需要开一个会议的时候，整个部落的人都到场参加。那些对部落有功劳的人，有机会去担任首领。如果一个首领当得不好的话，那么部落里的人就会把首领撤换掉。首领不是部落里的主宰，而是一个"讲话人"。

在守旧的世界里面，父亲是一切的主宰。国王有权力审判自己的臣民。父亲对自己的孩子也有权力审判和惩罚。国王的权力是继承的，而父亲所拥有的家产也同样可以继承。但是在这个新大陆的世界里，这看起来合理的一切都是不存在的。因为在这里儿子不能随父亲姓，而母亲却有这个权力。居

两个世界的斗争

住在"长房子"里的所有事物都掌握在妇女的手里的。而在欧洲人的社会里面，儿子要留在家里，女儿是要嫁出去的。但在这里却恰恰相反。妻子把丈夫娶回来，妇女拥有家庭的主权。

一位旅行家曾经说过："家里的主权全都掌握在妇女的手中。在这个时候，大家都密切地联系在一起，即使有存粮也是大家所有。但是如有的丈夫不能够带猎物回家的话，那么这位丈夫在家里的地位就变得非常低下。哪怕他有众多的儿女，或者这个家里面有很多的财产，他也会有被人赶走的命运。如果他不听从家族里的人的安排，境况会更加糟糕，他可能不能再在家里面呆下去了。如果没有姨母或者是祖母为他求情，那么他可能不会回到自己的氏族里面去，甚至有可能到别的氏族和其他的女子结婚。那个时候的妇女是有权有势的，选举部落里的首领的决定权多是决定在妇女们的手里的。妇女服从男人是欧洲的观念。但在印第安人的眼中，这个观念是不同的。妇女们才是家里的掌权人，有的部落里的首领就是妇女。"

在普希金的小说里面，美国人约翰·特耐尔就被印第安人俘虏了。当时，奥塔瓦部落的女首领涅特·诺·夸把他收养为儿子。后来，这位女首领还到了英国，受到了英国人的热烈欢迎。

在这种奇怪的制度下，人的姓氏是随母亲。但是，在欧洲，这种现象是正好相反的。欧洲人的姓氏是随父亲的。如果说父亲是来自"鹿"族而母亲是"熊"族的人，那么他们结合之后生育下来的孩子就是随母亲，属于"熊"族的。这里的氏族的习惯是一切都由妇女及其她的子女，还有她的女儿的儿女等组成的。

刚到此地的欧洲人简直无法接受这一种观念。他们认为印第安人这些风俗习惯是非常野蛮和落后的。于是，他们把印第安人称为野蛮人。但是，这些欧洲人大概连自己都忘记了自己也曾经有过这种蛮荒时代。

我们可以从殖民者和侵略者的日记中了解到当时美洲的状况。在这些记载里面，欧洲人把氏族的首领当作是领主或者是地主。他们认为这些首领就是当官的，并且有自己的图腾。他们认为首领举行的会议就是上议院。那些军事首领是国王。但是这样的认识是完全错误的。他们这样的比喻就像是把军队司令当作是国王一样。

在这几百年的相处中，美洲土著居民的风俗习惯还不能够让白种居民所接受。在摩尔根的著作《古代社会》中，他证明了欧洲人过去的生活方式和易洛魁人和阿兹特克人的氏族现在的生活方式是一样的。

▲ 美洲原住民画像

白种人不理解印第安人，同时，印第安人也无法理解到他们这里来的白种人。在印第安人看来，白种人会为因为一小块的黄金而争斗的行为，是十分的愚昧和荒唐的。他们也不知道，为什么白种人会来到美洲。自然，他们更不知道"占领别人土地"会是什么意思。

在当地人的信仰中，整个部落是拥有这片土地的所有权的。在这片土地上，有保护神守护着他们。为此，当外人对他们土地进行侵犯时，就是一种触怒神明的行为。

在印第安人的社会里，战争也会出现。但是这些战争的目的不是为了奴役那些战败了的部落的人。他们不会强制让别人去遵守他们自己的规章制度，也不会因此而换掉部落的首领。他们只要战败的部落给战胜的部落缴纳许多财物。而要更换部落的首领是他们自己部落里的人才有权利去做的事。

但是，当两种世界的制度发生冲突时，新的世界斗争史就被翻开了。例如西班牙和墨西哥的战争史就是这样的。

# 人性的贪婪

1519 年，11 艘三樯战船在墨西哥登陆。这些战船外形非常奇特，它的船身非常巨大，船头和船尾都非常高，还有大炮架在舱口上，船上的战士们都举着长矛和毛瑟枪在准备战斗。在司令仓里面，还有人拿着望远镜眺望岸上那群裸露的印第安人。

伫立在司令仓里面的人就是埃尔南·科尔特斯。他是这次远征军队的队长，他的任务就是征服墨西哥。哪怕他被西班牙的总督撤掉了职位，但因为他对于探险有着莫名的喜爱，所以他没有理会那份撤职的命令，而是来到这片新的大陆，进行征服新的土地的探险。

科尔特斯把船停了下来，他让那些印第安人来帮忙把自己船上的东西卸下来。在从船上拿下来的物品中，除了炮身、炮架和那些沉重的箱子之外，还有很多马匹。当印第安人看到这些奇怪的房屋以及他们手上的武器的时候，他们不知道接下来会有什么大事发生。甚至，他们还不知道这些马匹是什么样的大型怪物。

当整个海岸上都传出了"白种人到来了"的消息时，这个消息也传到了山里，让普韦布落里的阿兹克特部落的人也知道了这个消息。西班牙人在很远的地方就可以看到印第安人所建造起来的那些美丽房子，尤其是屋顶还镀了金光闪闪的黄金。当时的军事首领蒙提楚马就住在那一座房子里面。

蒙提楚马针对白人的到来召开了会议。他们要想出一个好的办法来解决和白人如何相处。他们怎么也想不通，白种人为什么会来到这片土地上。他们来到这里要找什么东西吗？他们从小道上知道白种人喜欢黄金。他们决定给白种人送去黄金，好让他们快点离开。但是他们并不知道白种人有非常贪婪的心，也正是这样，才导致了后来发生的一切。

阿兹克特人把满载着黄金的车子推到白种人居住的地方。这样的行为其实是非常愚蠢的，如果他们把这些财富收藏起来，或许不会发生后面的悲剧。可惜的是，他们没有这样做。

科尔特斯和他的伙伴看到了这么多的黄金，他们贪婪的心就开始谋划起新的计划。他们认为，这些使者的请求是非常可笑的，因为他们跨越了重重的阻碍和困难，好不容易才来到这个地方，目的就是为了寻找到属于自己的新的财富。以前只是听说这里可能有黄金，但是不知道是真还是假。现在看到了，那他们就确定要待在这里了。

▲ 赫尔南·科尔特斯的远征军队

这些白种人一路上经历了许多的困难才来到这里。在路上，他们需要去啃那干瘪瘪的面包，睡那坚硬的床板，还要做很多粗重的活。是为了什么？还不是为了能够寻找到财富。

科尔特斯命令奴隶们把东西背上，一起往墨西哥更深处走去。这些奴隶为了活命，不得不去扛起那些沉重的东西。因为他们知道，如果违抗他们的命令，就有鞭笞之刑或者是死亡在等待他们。

即使是在今天，我们还可以通过图画来看到阿兹克特人的行军。他们辛苦地背着那些沉重的东西——大炮炮架的轮子、毛瑟枪和沉重的箱子。如果他们表示不服从，那些西班牙军官就会用手中的长鞭去鞭打他们的身体。有的时候，这些军官还用脚踢他们的肚子。

西班牙侵略者把十字架的刑具也背来了。他们自认为是"仁慈的天主教徒"。但是在一些图画上，我们看到他们残忍地砍下了印第安人的手和头。这样的行为给印第安人带来了巨大的冲击，他们第一次知道了，人奴役人是什么样子的。

▲ 西班牙人入侵墨西哥，遭到当地人的猛烈反抗

西班牙人没有停止前进。他们继续朝前走，最后在山顶上看到了印第安人居住的城。但是，这些来自欧洲的西班牙人并没有展现出礼貌。他们发现这些城的时候，就把他们的军事首领蒙提楚马抓住了。科尔特斯认为，把蒙提楚马抓了起来，就是获得了胜利。因为他认为，蒙提楚马是这个国家的国王。

但事实上，蒙提楚马只是一个军事首领罢了。

科尔特斯让他念诵发誓对西班牙国王效忠，他服从了。但是，他不知道他所念诵的话到底是什么意思。事实上，科尔特斯和蒙提楚马两人都不理解对方。即使蒙提楚马发誓效忠西班牙国王，也代表不了什么。但科尔特斯却以为自己获得了胜利，不幸的是事情没有朝他预料的那样发展。因为当蒙提楚马被抓之后，阿兹特克就选了蒙提楚马的兄弟担任新的军事首领。

在新的首领的领导下，部落里面的战士们都去攻打西班牙人。西班牙人也举起了手中的大炮和毛瑟枪。两者之间的较量没多久就分出了胜负。因为阿兹特克人只会用石头和射箭来攻击。当他们第一次看到大炮和枪的时候，体会到了什么是恐怖，也了解到什么是死亡。但是，他们没有轻易地放弃，因为他们都是为了自由而战斗的不怕死的人。不管有多少人倒下了，马上就会有更多的人继续去战斗。弟弟死了，那哥哥会顶替上；舅舅死了，外甥会为他报仇。在阿兹特克人看来，当氏族和部落都陷入了危险中的时候，个人的生死也就不是什么重要的事情了。

科尔特斯认为，是有必要去跟阿兹特克人谈判了。这时，他想到了蒙提楚马，这个人应该是最恰当的调解人。但他没想到，

▲ 埃尔南·科尔特斯（1485~1540 年）西班牙人，曾加入出征古巴的军队。后他听说墨西哥的一些城市拥有巨大的财富，到处有黄金和珠宝。在这类传闻的驱使下，他于 1519 年率领一支探险队入侵墨西哥

当他把蒙提楚马释放的时候，部落里的人朝蒙提楚马举起手中的射箭和石头，因为在他们看来，蒙提楚马就是一个懦弱的叛徒。

"闭嘴！你是个没有出息的人！你只是女人而已，不是战士。你竟然会被这些人俘虏了。你这个懦弱的小人……"

蒙提楚马也受到了重伤，在战场上倒下来了。

科尔特斯狼狈地从战场上突围而出。他的士兵有近一半战死了，但值得庆幸的是，阿兹特克人没有去围堵他，所以他才有生还的机会。因为阿兹特克人没有趁机杀死科尔特斯，这也成了他们后来的悲剧。逃走了的科尔特斯重新召集了新的部队，开始对特诺奇提兰进行了大包围。

阿兹特克人并没有害怕，也没有放弃。他们依然勇敢地和西班牙人厮杀着。但是石头制造而成的武器怎么能够和杀伤力巨大的大炮相比拟呢？攻下特诺奇提兰只是时间上的问题而已。

新的时代就这样战胜了旧时代，铜器时代已经过去了，铁器时代已经不可阻挡地到来了。上天似乎是站在科尔特斯这一边的。但是还是有一部分阿兹特克人在战争中幸存了下来，他们就成了农场上的雇农。

## 第11章

## ·奴隶制诞生了·

这里的人已经有一个独立的制度体系。人与人之间是有差别的，他们不是平等的。穷人看到了有钱有权势的人，就会变得格外地恭敬。他们认为，这些强者都是被神明保佑着的。这些认识在他们很小的时候就被培养起来了。祭司告诉他们，他们必须恭敬地供奉神明，所以也要敬畏强者。

# 神奇的靴子

曾经，一位作家写了这么一个故事，故事的主人公在市场上很幸运地买到一双千里靴。这个故事的主人公并不知道自己买的靴子有那么神奇。他在回家的路上在思考一些事情，以至于根本没有发现周围的环境已经发生了很大的变化。当他环视周围的时候，却发现自己正处于冰天雪地的陌生世界里。原来，这双神奇的靴子把他带到了北极。

如果是其他的什么人得到了这件宝物，一定是打算用它来给自己获得一些东西。可惜故事的主人公不爱金钱，却很热爱科学。所以，得到了这双靴子之后，就利用它来游览和考察世界的各个地方。

他用这双靴子，跑遍了世界上每一个角落。不管是寒冷的北极还是炎热的赤道，或者是冰天雪地的南极。有时候，他会出现在热带的雨林里面，有时候，他会到炎热的沙漠里面去探险。他就好比是一个流浪的人，穿着旧款的黑色短外套，身上只带着一只收集东西的箱子，就这样走过了世界上很多地方。

他去过火山，去过雪山，收集了世界各地种种不同的矿石和植物。他也游览过很多拥有悠久历史的庙宇。每到一个地方，他都会去了解这片土地上的一切新奇的东西。

历史学家们在研究人类生活的时候，也非常需要有这样的千里靴。阅读这一本书，就能够了解这片大陆的东西，也能够跟着作者的脚步去另外的大陆上去，还能够穿越到远古的时代里，也能够随时回到现代中。

有些时候，我们需要穿越不同的时间和空间。也许我们会为此而感到头昏眼花，但是，我们却不能够停下研究的脚步。

我们研究的时候就好比是穿着千里靴，能够经过好几个世纪，在这个过程里面，我们会忽略一些细节的。但是你也知道，如果我们不使用千里靴，而用我们缓慢的步伐前进的话，那就有可能会被许多"细节"问题所缠绕起来。这个时候，我们看到的事物只能是一棵树而看不到一片森林了。

如果我们穿上了千里靴就不同了，不但可以跨越时代的界限，还可以跨越科学的领域去研究。

我们研究的范围广泛，除了研究植物学和动物学，还要研究语言学、工具史、宗教史和土地等方面的历史。

研究历史的时候涉及如此多的范围是一件难以避免的事情。人创造了科学，科学的产生也是为人类服务的。为此，当我们在研究人类在地球上生活的历史和人在世界上所处的地位时，科学是需要用到的。

我们对于科尔特斯时代的美洲已经有了解。现在，我们就要穿越到公元前5000~4000千年的欧洲。在这里，我们可以看到一些氏族的身影，它和易洛魁人或者阿兹特克人有很多相似的地方。这一个氏族也是由妇女来管理大大小小的事物的，我们还可以找到一些公共房子。

居住在这个"长长的"房子里的人对妇女都非常尊敬。因为这些妇女不但是房子的建造者，还是这个氏族的族长。她们的职责主要是存储冬粮，收割田里的粮食。

在这个时代中，很多的村庄都会看到一尊女人的雕像摆在屋中央的位置，这被称为是母亲的像。这尊雕像通常是用骨头和石头制作的，这些雕像是这族人的曾曾祖母。她们认为，有了雕像，祖母的灵魂在保佑着子孙。人们在日常生活中都会向她祈祷，祈祷她给子孙带来更多的粮食，保护他们的房子不被外敌所侵扰。

▲ 雅典娜雕像

过了一段时间后，这位"曾曾祖母"变成了雅典最为著名的护城女神——雅典娜。她已经不仅仅是那一尊小小的雕像了，而是一尊受人尊敬的伟大的女神像。人们还以她的名字来命名了一座城市。

# 古老氏族制度走向灭亡

在现在的语言里，我们都能够找到许多氏族生活的痕迹。但是，我们对于氏族生活的记忆已经没有了。在我们日常的称谓中，还可以找到氏族生活留存下来的亲属制度。孩子们会叫"叔叔""阿姨""爷爷"和"奶奶"。除了孩子的称呼能够保留这些痕迹之外，我们自己有的时候会对人使用"大哥"这一个称呼。

在众多的国家语言里面都能够找到很多古代生活的痕迹。在德语里，"外甥"可以理解为是"姊妹的孩子"。因为在古时候，兄弟的孩子是可能到别的氏族里面去，但是姊妹的孩子们才会留在氏族里面。直到现在，我们还是会联想起古老的氏族。看来，即使经过慢长岁月的消磨，氏族还是十分的坚固的。那么什么样的东西才能够破坏到它？

当欧洲侵略者在美洲登陆的时候，美洲古老的氏族就被破坏了。当欧洲人发现美洲依旧保留着几千年前的制度的时候，他们知道，它就像是一座要倒塌的楼房，不用别人去催毁它，它自己很快就会毁掉的。

这主要是因为经济权已经转移到了男人的手中了。

在古时候，妇女主要是掌管掘地的工作，而男人是负责畜牧的工作的。但是，那个时候畜牧不是很多，所有族人主要生活是靠妇女的农业劳动。肉不会经常出现在大家的餐桌上，奶也难以满足大家的需要。所以妇女的劳动就成为大家的依靠了。

大麦饼、干谷物等都是人们选择食物的范围之一。有的时候，他们也会选择一些蜂蜜和野果子作为晚餐，这些都是依靠妇女的劳动来完成的。因此，妇女在家庭中就有了支配和管理的能力了。

但是，这样的制度会延续到什么时候呢？难道很多的地方都是这样的吗？

事实不然。生活在草原地带的习俗就不是这样。草原地带的谷物生长条件不好。即使是用了很多的农具也无法让粮食谷物在草原上生长。在这些地上种谷物非常困难，有的时候，垄沟里面的种子会被太阳晒干，变成鸟儿们最美味的食物。在这样的情况下，谷物无法满足族人生活的需要。如果遇到了干旱，情况就会更糟，炎热使得谷物都枯萎了，而一些杂草就借机迅猛地生长起来。一旦碰上了这些情况，那人们就无法收割到丰盛的粮食。草原上的草就会长起来。

遇到这样的情况，人们会继续弯腰驼背地来干活吗？

他们会认为杂草就是牲畜的粮食。如果在草原上养一些牛和羊，就会成为牛羊的天堂。因为杂草就是它们的美食。就这样，人们放养的牲畜会越来越多，男人会把短剑佩戴在身上，来辅助畜牧。人类还训练狗成为最忠实的伙伴，它可以帮助人们管理好绵羊群，不让它们乱走。就这样，人们收获到的奶、肉与毛就会越来越多了。

当家里的谷物无法满足人们的需要的时候，他们就会选择吃羊酪和羊肉。就这样，男人的劳动地位在不断地上升，在草原地带上，男人成为主要的劳动力。他们的地位也比妇女越来越高。在一些北方的森林地带也是如此。

考古学家发现了在古代岩石上的古代图画。这幅图画是画着一名农夫耕地的情景，虽然画不是很精美，但是能够为我们呈现出一个古代生活的景象。它似乎可以证实，古代人们不仅懂得采用犁来耕地，还懂得了用牛来进行耕作。

这可能是诞生在人类历史上的第一把犁。这个犁上面有一根木棍，它主要是用来让公牛来拉。这或许就是人类发现的第一部发动机。田地里的重活都交给公牛去干了。在过去，所有的重活只有人亲自来做的，现在，可以让牲畜来分担了。牲畜除了会给人类提供自己的肉、奶以及皮毛之外，还要为人类提供自己的力气。

相对于耒耜来说，犁耕地会更深。经过犁的加工，泥土会被翻出一道道的黑色沟垄。人在这个耕种的过程中，可以节省不少的力气。

▲ 原始农业

公牛除了在田地里面工作之外，还要帮主人去完成脱粒和运载粮食的工作。在秋天的时候，公牛会在打谷场上，它们用脚蹄子践踏那穗子上的谷粒。当忙完这一切后，它们就被栓在有轮子的车上，把这些沉重的谷物拉回家里去。

畜牧业对于农业是有用的。男牧人也会成为农夫，因此，他在家里的地位会得到很大的提高。男人的工作固然是重要的，但是妇女的工作也不能被忽视。她们不但要织布和纺线，还要到田里去收割谷物，还要照顾孩子。即使妇女的工作是如此的多，但是她们的地位还是不如以前。现在，家里的主导权是男人了。

妇女们在家里面不会因为事情没做好而辱骂男人，但是男人却学会了反驳。在过去，外祖母或者是岳母可以把外人从家里赶出去。但是现在和过去不一样了，她们需要向男人献殷勤来取悦男人。因为这个"外人"是来这个氏族干活的，他的工作可以养活这个氏族的人。为此，氏族里的人都不希望男人离开。

这个旧的制度发生了变化。人们也不再遵守过去的风俗习惯了。过去，是女人娶男人回家，现在，是男人要把女人娶回家了。

可是这个时候，这些行为还是受到抵触的。他们把这样的行为看作是犯罪的。所以新郎并不敢明目张胆地娶新娘回家。想要娶新娘，那新郎就要去偷，去抢夺。

新郎会在黑夜里，拿着手执长矛和短剑到新娘住的地方去，还要邀请同氏族里面的男子当帮手，一起偷这个新娘。这个过程不一定是十分顺利的。新郎要和手执武器的新娘的外祖父和的兄弟们进行一番搏斗。如果成功了，新郎就可以抱着拼命挣扎着的新娘离开。

这样的行为后来发展成为一种风俗习惯。两个氏族之间的斗争也会变成为一种固定的仪式。人们不再需要流血来抱得美人归了，而是需要送财礼来代替。当新娘出嫁的时候，新娘的母亲以及姐妹们都会哭泣。这已经成为婚礼中的一部分了。

直到今天，我们还能够从一些古代的歌曲找到表达年轻的女郎面对将要嫁到其他地方去的悲伤心情。

事实上这也的确是一件可悲的事情。成了别人家新娘的女人，其地位不如以前了，在这个陌生的地方里，男人的权力很大。她们即使面对不公的遭遇，也没有办法诉说出来，因为她身边所有的人都是丈夫的亲人。

夫家会把抢回来的女人当成他们的劳动力，不让她闲适地生活，他们会让新娘干活，还不给她饱饭吃。就这样，母系社会转变成父系社会了。孩子们的姓氏也不再随母亲了，而是会随父亲，这层血缘的关系就从父系开始。

人们的称呼也发生了变化，人们需要在称呼的时候加上自己的名字以及其氏族的姓氏。直到现在，我们还是会用父名来尊称别人。"彼得·伊凡诺维奇"，在古时候被人称为是"彼得·伊凡诺夫的儿子"。但不会有什么人知道这个人的母亲叫什么名字，因为不可能有人把他母亲的名字加在名字上面。

# 游牧人的生活

人类能够拥有的东西是越来越多了。草原上出现了无数的绵羊，田地里有公牛不断地工作着。这一切都是人类自己创造出来的。

在南方的盆地里，土壤十分肥沃，这使得众多的植物茂盛地生长起来。人们习惯在每天傍晚时分，坐在无花果树下享受那休闲的时刻。但是人们还是在忙于工作，劳动能够带给人很多的东西，他们在劳动中享受着这种快乐。

单单是种植葡萄，就要花费人不少的心血。一串串葡萄成熟的时候，人们就要采摘这些果实，然后扔到压榨器里去榨出果汁。那暗红色的葡萄汁就会被人用羊皮囊储存起来。他们会用歌声和舞蹈来庆祝一年的丰收成果，一起来讲述着过去的故事。

到了春天，河水给肥沃的土地浇灌水，用自然的力量来照料这片土地。同时，人们还会修建堤坝和渠道，这些工作都是为了让庄稼得到充足的水。

每年人们都会向江河祈祷，但是他们不知道，如果不是通过自己的辛勤劳动，这些庄稼就不会出现。因为，没有了人类的耕耘，这里只会是杂草堆。

农夫会越来越忙了，而牧人也不会太轻松。在肥沃的大草原上，一些牲畜成长的速度也会越来越快了。它们似乎不再是一天天地长大了，而是每时每刻都在长大。当牲畜的数量变得越来越多的时候，牧人的工作也变得越来越繁重了。看管 10 只羊与看管 1000 只羊是不同的。当大群的牲畜把草原里的草吃完后，牧人就要给这些牲畜寻找另外的牧场。他们畜牧的地方也会距离乡村越来越远。

随着时间的发展，这个村庄的人也会跟着牧人的脚步，一起搬离原来住的地方，去寻找新的住所。人们会驱赶着骆驼，带着自己的财产和牲畜群，成群结队地走向那遥远的地方。

而他们原本生活的地方就成了荒芜的地区。在这片田地里面，人们无法种出什么庄稼。为此，人们就需要分工合作。

除了人与人之间有分工合作之外，部落与部落之间也需要分工合作。牧人会把自己饲养的一些牲畜拿来换粮食。游牧人的生活是很随意的，他们没有固定的居所，会随着牲畜群，从这一片草地搬迁到另外一片草地中去。

▲ 游牧人的生活

他们的生活是十分简陋和艰苦的。他们在露天的草原上，搭建起帐篷。他们以草原为家。他们的孩子是在那摇摇晃晃的骆驼背上长大的，而不是呆在摇篮里。

# 新的工具

游牧部落也不总是永远和平。当他们遇到农夫的田地或者是牲畜群的时候，也会使用暴力和武力去抢夺这些东西。他们会放火去烧毁庄稼，也会践踏别人的田地，甚至欺凌和俘虏一些弱小的人。

对于牲畜来说，他们也需要人。因为人是劳动力，在这些部落里面，劳动力是很缺的。即使氏族非常庞大，还是会缺乏干活的人。牲畜的繁殖能力很强悍，牧人无法完全地照顾得过来。这个时候，部落的人会到其他的部落去俘虏一些人，以便帮助自己分担任务。

游牧的人会这样做，农夫也会。秋季到来，正是收割庄稼的时期，当收割完毕后，农夫们也要到其他的部落去抢夺别人的粮食和布匹，但是他们主要是俘虏奴隶。

在农田里面，农夫十分缺乏帮手的。因为他们需要干很多繁重的活，如挖掘渠道和修筑堤坝，这就需要很多奴隶来干这个活了。

在过去，俘虏来的人不会成为奴隶。因为在落后的时代，多一双手没有太大的帮助，相反，还要多吃一份的粮食，这使得原本就已经不够分配的粮食，变得更少了。所以，人们会选择把俘虏打死。但是，如果部落里缺乏男人的时候，就会把男性的俘虏变为自己的儿子，这样俘虏不再被杀死，而是成为这个氏族里的人了。

▲ 美洲殖民时期，黑人奴录的生活

然而，当人类不断地发展，牲畜会产下越来越多的仔，再加上工具的先进，使得开辟的田地越来越多的时候，所有的一切都发生了变化。收获的粮食、毛皮以及肉比需求要多很多，那么俘虏就不再被杀死，而是会变成干活的工具了。而他的主人，就不再需要去干繁重的活了。他只需要让奴隶认真勤奋地工作，然后让他们吃一点点饭就可以了。

这样，奴隶的身份就会贬低。他们被主人当作是公牛奉献着自己的劳动力。

当时代不断地向自由、向支配自然的方向前进的时候，人却反而成为别人手里的工具。土地不再是氏族共同拥有的公共财产了。而那些沦落为奴隶的人，却只有在别人的土地上去工作。虽然他每日都在驱赶着公牛，但这并不是他的财产。为此，在古埃及，就有一首歌记录了奴隶的生活：

践踏麦穗吧，公牛！

践踏麦穗吧！

收获是属于主人的！

人的历史上，也出现了主人和奴隶的身影了。

# 记录历史的 载 体

这一趟的古代旅游，路途是非常艰难的，因为我们并不是以游玩者身份去看待这一切，而是作为一名研究工作者进行研究考察。对于旅途上的任何困惑，我们都要去亲自寻找到答案。在这条路途上，我们缺乏指示标记，也没有任何人可以给予我们提示，只能靠我们的需要去寻找到答案。在那个远古的时代里，人们是不会懂得给子孙留下什么文字痕迹。因为他们不懂得怎么写字。

现在，我们可以根据路上的标志来前进。在一些坟墓的纪念碑上，我们可以看到古代人写下的词句。但是，这些题词不是娟秀的文字，而是图画。这些图画主要是为了鬼神而创作出来的。这样我们就能够在这些图画里面看到有关人类的故事。

在过去的时代里，我们几乎没有看到由字母组成的文字。每一个字就能代表一种意思，例如公牛就是一幅公牛的图画，而树就是一幅树的图画。

文字刚开始的时候是以图画的形式存在的。而这些图画经过发展，会演变成为一些特定的符号。你知道"A"是具有什么意思？如我们把"A"掉转过来，就能联想到那犄角的牛头。其实，古代的闪米特人所创造的

文字里，公牛是写成："а∏еф"。这个词的第一个字母就是字母"A"。

我们可以从字母的历史中寻找到很多痕迹。"O"的意思是眼睛，而"r"的意思是角，"P"是代表人的头。

我们穿着千里靴走到遥远的地方了。现在，我们开始进入一个有图画文字的时代里。在这个时代里，人学习文字的积极性不是很高，但是他们已经懂得怎么写文字了。

他们所看到的，所学习到的知识都被存储在脑海里。他们会口头地传达很多故事、传说或者是神话。每一个高龄老人就是一本活着的厚厚的历史，他们会给年轻人讲述他们过去的故事。这些故事就是珍贵的财宝，不断地流传给下一代人。

人们会用纪念碑来记录很多东西。口头传达只不过是传递经验的方式之一。想要让后代记住前辈的丰功伟绩，需要在坟墓上面记录下这些军功和战绩。

最早的书就是伫立在坟墓边上的纪念碑，而在俄罗斯的历史上，信最开始的形式就是用桦树皮书写的。

我们现在创造了电话和无线电收音机以及录音机。这些工具可以让我们克服距离和时间的阻碍；无线电可以把我们的声音传播到遥远的地方去；磁带和塑料盘可以把我们的声音都记录下来，几百年之后的人也都可以听得到。但是在遥远的过去，我们的祖先只能用树皮来书写东西，跨越了距离的阻碍。他们也知道在纪念碑上刻写文字，克服了时间的阻碍。

我们可以通过这些东西了解到古代的进军以及一些重大的战役。那些拿着剑与矛的战士们，已经雕刻在这一些石头上面，展示他们的胜利。手铐也在石头上面出现，这表示着不平等和奴隶制度。当我们看到这个符号的时候，我们就知道人类进入了——奴隶制社会。

在埃及古寺里面，我们还可以看到在其墙壁上有很多这种类型的图画。有的图画里，奴隶在搬运砖头。他们要用两只手来扶着扛在肩上的砖头，还有的奴隶用扁担来挑水；也有的泥瓦匠正在忙着砌墙。除了奴隶和工匠之外，一些监工也在画上。他们不做这一些粗重的工作，因为他们是去强制别人工作而已。当有的奴隶在偷懒或者仅仅是监工的心情不愉快时，他们就会挥出手中的长鞭。

# 不平等的制度

随着奴隶制度不断地发展，它就成为了社会制度的基础。希腊诗人提奥格尼斯就写下了这样的诗句：

> 葱里长不出玫瑰花，
> 女奴养不下自由人。

在刚开始的时候，奴隶还不是劣等人。他们能和自由人一起生活、工作和居住。这两种人会共同组成了氏族公社，父亲、族长会成为公社里面的首领和指挥者。妻子、儿女以及一些奴隶和女奴都服从首领的命令的，如果有人犯下了过错，就会受到"杖"刑责罚。

其中老奴隶和主人的称呼是非常奇怪的，老奴隶称呼主人为"孩子"，而主人称呼老奴隶为"父亲"。在《奥德赛》一书中，我们看到牧猪老人叶夫梅会和主人坐在桌子上一起吃饭。为此，一些人民歌手都会称呼牧猪人是"和神平等的人"，而部落首领也被称作"和神平等的人"。

歌曲里面的东西是真的吗？不然。牧猪老人叶夫梅的地位是不可能和神一样的，他的地位也不会和主人是一样的，因为他是被强迫的，是没有自由的。在一个家里，对奴隶的要求是很多的，但是给予他的报酬是很少。奴隶是自由人的财产，主人死去后，这些奴隶也会像主人其他的财产那样，被主人的儿子所继承。但是，在氏族公社里面，这些奴隶的待遇是会变化的。

父亲可以命令子女，丈夫能够支配妻子，婆婆会管教媳妇，这在当时是普遍遵守的法则。但在当时众多不同身份的人中，奴隶是地位最为卑贱的，所以他会被众多的人驱使。

贫富差距的出现，氏族与氏族之间的平等也不存在了。有的氏族的牲畜多，有的则很少。这些牲畜是一笔巨大的财富，人们可以用牲畜来换取武器或者是布匹。公牛就是人们经常用来交换的牲畜。随着物品的不断交换，最初的货币青铜钱币出现了，它逐渐取代公牛皮成为最常见的换取物品。

除了牲畜之外，奴隶也是一笔很大的财富，因为奴隶可以创造出财富。当自由人外出打仗的时候，这些奴隶就会帮主人去放牧或者种地。到了晚上，他们还要帮主人把牲畜赶到圈栏里面去。除此以外，他们还要去干诸如收割谷物、榨葡萄汁以及榨橄榄油等农活。

# 获得胜利品

由于战争，人们有许多工作要做。战争需要用到剑和矛，有可能还需要用到战车。所以，人们就很聪明地想到了把马拴在战车的前面，于是，就有了马拉战车。当这种战车应用到战场上去时，战士们就可以在战场上快速地奔驰了。

但是，除了用到进攻的用具之外，人们还要用器具来保护好自己，例如头盔和盾牌。战斗的时候，战士会头戴头盔，右手拿刀剑，左手执盾牌。

当一支氏族越来越富强后，他们对于防御工作就会越来越重视了。一些氏族的公共房子就是用一些泥土或者是大块的石头制作成的。他们会在一些高岗上建筑大型的堡垒。在这些堡垒里面有很多屋子和仓库。在堡垒的墙壁上，还有碉堡和大门。有的人会从堡垒的墙头上去看望远处的事物。当发现敌人靠近的时候，草原上就会出现滚滚的烟尘和闪光的矛头，堡垒里的人就要呐喊着准备去迎敌了。人们会把牛和牧畜都赶回堡垒，接着妇女和儿童、老人会进入到房子里面躲起来。那些伫立在碉堡上的战士们就要准备好羽箭和敌人战斗了。

敌人会在堡垒的附近扎下营帐，等待最好的时机进攻。要攻下一座有防备的堡垒不是一件很容易的事情，尤其是一些高大的城墙，说不定会耗上一个月的时间。

堡垒的门会在早晨被打开，战士们会手持长矛冲到田野上去准备战斗。他们愤怒地用长矛刺向敌人，也会奋不顾身地用剑杀死对方。他们不会对敌人仁慈，更不会对自己怜惜。他们战斗是为了保卫自己的妻子儿女，保护自己的家庭和族人。作为敌对一方的战士们也为了夺取财富而愤怒地挥出手中的长矛和利剑。战斗要持续到深夜，保卫者们会回到堡垒里面去休息，等待新一轮的战斗开始。

时间在不断地流逝，保卫者们在勇敢地战斗。但是除了敌人的利剑和羽箭之外，他们还会面临一个大问题——饥饿。

地窖里面储存的食物是不多的。当战事再拖下去的时候，地窖里面的粮食就会告罄。到了最后，双耳瓶里面的油也只能断断续续地地漏出来。孩子们会因为饥饿而哭泣，妇女们也只能默默地流泪，她们生怕会因为这样让战斗的男人发怒。

▲ 奴隶们生活的壁画

出击一次，守卫者的人数就会减少很多。最终会在某一天，敌人会闯进

奴隶制诞生了

堡垒里面。他们把堡垒里面的东西都清空，不留下任何一块完整的东西。这个在过去是欢声笑语的地方，只剩下一堆废墟以及尸体。一些被俘虏的人从自由人的身份变成奴隶。

# 埋藏在坟墓里的历史

俄国南部的大草原上，有很多高耸的土丘。很多人都不知道这些土丘的用途，也不知道是谁把土丘堆在这片草原里的。

但是，当你向一些百岁老人打听时，他们会告诉你，这就是坟墓。它们有的是"鞑靼将军"的坟墓或者是"鞑靼将军之女"的坟墓。但是想要知道"鞑靼将军"是谁，谁也不能够准确地表述清楚。毕竟，这些都十分久远了，很多人都难以记得以前发生的事情了，更何况这些是在很多世纪之前发生的。但是，我们可以向考古学家来了解答案。

这些土丘的确是墓地，主要埋藏的是那些过去居住在草原上的人们。历史学家在挖掘土丘的时候，还找到了很多人的骸骨和许多陪葬品。陪葬品有石制和青铜制的工具。这些陪葬品含义是不一样的，这些东西都是死者的行李。

因为古代的人相信，人死了之后还是需要吃饭以及生活的，他们也会需要这些工具，妇女们需要她们的纺锭，男人需要他们的武器——长矛。

古老的埋葬方式是把这些属于死者的东西和死者埋葬在一起。在初期的时候，可以称作是私人的东西。有的仅仅是脖子上系着的护身符，或许是战斗用的长矛。因为很多的东西都是公共所有的。所以，最古老的埋葬没有富人与穷人的区别。所有的死者都是公平而平等的，没有贵贱之分。

但是发展到后期，死者也出现了富人与穷人的划分。

其中，位于顿河上的叶丽莎维托夫斯克村附近就找到了等级分明的古冢，分别为：富人、中等人和穷人。

在富人的古冢里面，考古学家们发现墓穴的空间很大，这个墓穴里有描花的花瓶，还有黄金的甲胄和短剑。这些器物制作非常精美。但是在那些小的古冢里面就很难找到金器和描花的花瓶了。但是这些古冢的人还不是最贫穷的人，因为贫穷的人的坟墓里面，连黑漆的碟子和使用金属片制作而成的甲胄都没有。这些墓穴大多数是在小丘上，墓穴十分的窄小。他们的墓穴里只有一把长矛和一个壶，是为了让死者在死后渴的时候能够喝到水。即使到了坟墓里面，穷人的身份也没有得到任何的改变。

　　有一句话说"和坟墓一样缄默"。但是在坟墓里，这一句话是不正确的。我们从这些墓穴中，看到了富人与穷人之间的不同，坟墓为我们讲述了那个时代里面的事情。死人是能够说话的。

　　如果我们离开这些坟墓，到距离古冢不远的地方去查看，或许可以看到一些古时遗留下来的痕迹。考古学家在一片废墟里面，发现有两道墙，其中

▲ 石器时代的墓穴

一道墙在村落的外围，另外一道在河岸上面，也是村的中心地带。在第二道墙所在的地区中，考古学家们发现了贵重的食器和一些花瓶的碎片。这些东西没有出现在外围的地区中。在外围的地区中，最常见的就是一些普通罐子的碎片和水壶的碎片。所以，考古学家们推测，生活在村中心地区的人比居住在外围地区的人要富有。因为他们使用描花的盘子和花瓶。

为此，他们死后会才有众多的陪葬品，也会把自己的坟墓堆砌得非常高。

通过坟墓我们可以知道很多的人和事情。除了知道富人与穷人之间的差别之外，还知道了一些恐怖的过去。例如，当主人去世之后，是需要奴隶陪葬的。如果丈夫去世之后，作为妻子也是需要一起陪葬的。

这些坟墓告诉我们一个个残酷的历史故事。那些富有氏族的族长在死去之后，会让妻子和奴隶陪葬。除了这些，在他死后还会有很多的青铜制或者是金制的器物作为陪葬品。这都因为，这一切都是他的财产。

# 新工具诞生

现在，博物馆里面都收藏有很多出土文物。这些文物有的在坟墓或者是地层里面已经躺了有几千年了。我们可以通过这些文物，重新回到那个古老时代的历史中去。

博物馆里面的玻璃柜里的物品对于我们人类都有独特的意义。它们值得花时间去研究，也值得让每个人都细心地观察。这些藏品有的是宝剑，它们制作非常得精美，即使过了上千年的历史，依然光彩夺目，闪闪发亮。也有的藏品虽然不起眼，看上去只是一些珠串和银碗。但这些制品同样花费了巨大的劳动，都是古代劳动人民辛勤劳动的结晶。想象一下，一把小小的青铜短剑在当时是需要花费多少的劳动才能制作出来！

制作青铜短剑的第一项工作就是开采矿石。天然的铜深藏在地下的，所以，人们要得到它，就需要深入地底下去挖掘矿石，他们要用镐头来采取矿石，然后装入皮袋运送到地面上去。

▲ 青铜剑及鞘

要采这些石头，人们先要在矿穴里面点燃一堆火，等到石头被烧得炽热的时候，再把水浇泼到它们上面，炽热的石头受到冷水的刺激，石头就会发生爆裂，最终碎裂成为一块块的。

有的时候，这些洞穴会变为火山。在矿穴的洞口有阵阵的白烟和水汽不断地冒出来。而矿穴里面的火光也在不断地照耀着，就像是一座火山。古代人信奉的锻冶神伏尔甘的名字就是现在火山一词的来源。

只有高超的技巧，才可以开采出矿石。人们为了让金属更加坚硬，就会想出很多的方法来。他们会在铸造的过程中，往铜矿石里面加入锡石。铜和锡的合金就是这样创造出来的。这一种新的物质，就是青铜。

在过去的石器时代里，每一个人都会懂得如何去为自己制造出一把弓箭。特别是狩猎部落里面的男人，他们都有很好的制造技艺。但是制作简单的弓弦和用矿石制造出青铜剑就完全是两回事了，这种技艺不是每一个人都能懂得的。

人们需要经过多年的学习才能够掌握到锻冶武器的技艺。有的是父亲传给儿子。有的锻冶手艺成为一个家族的传家之宝了，也有一族人都会传承其中的精髓。但是，也有些地方汇集着很多的武器匠、冶铜工人等等。这些地方也是靠此而盛名远播的。

# 私有 与 公有

在刚开始的时候,所有的工匠都是大公无私的。他们工作不仅是为了公社,还是为了自己的村落。但到了后来,这些工匠们就会用自己的制品来为自己的需要交换一些食物和布了。

出现了这一种情况之后,古代的氏族制度也就出现了裂纹,最后慢慢地走向衰亡。

在以前,氏族里面的人都是没有贵贱之分的。当古代氏族制度出现裂纹之后,富有和贫穷也开始慢慢出现分化了。工匠和农夫无形之中就被相隔分开来了。工匠除了可以分得公社的成果之外,还可以把自己的剑和锅分给别人。他们也不再喜欢用自己的制品来换取粮食和布给其他族人了。为此,他们无形之中就存在一种个人意识。大家也开始准备各自过日子了。

其中的一些历史废墟里面,我们还是能够从中找到村落的遗址。例如是在希腊、米肯、提林夫等地,就发现了很多的村落废墟。其中的高冈顶上面,可以清楚地告诉我们那段被封藏的历史。在这里,有牢固的围墙,在里面居住的是最为富庶的家族。这个家族藏有很多值得保护起来的东西。里面居住的人都是部落的军事首领和他的家人。在这个家族生活地方的周围,是穷人居住的地方。农夫居住的是茅房,周围还零零散散地分布着是很多工匠的房子。

这里的人已经有一个独立的制度体系。人与人之间是有差别的,他们不是平等的。穷人看到了有钱有权势的人,就会变得格外地恭敬。他们认为,这些强者都是被神明在保佑着的。这些认识在他们很小的时候就被培养起来了。祭司告诉他们,他们必须恭敬地供奉神明,所以也要敬畏强者。

除了军事首领得到穷人们的敬畏之外，还有一些手艺匠以及掘矿工人也会受到普通人的敬重。因为在他们的认识里，这些人可以在喷火的地底下挖掘到矿。而他们知道地底下有这些东西，懂得怎么去挖掘矿产就是因为有神在保佑着他们。因为有这样的认识，所以普通人对于这些人都怀有敬畏的心，以至于不敢太过亲近他们。

除了希腊人有这样的想法之外，还有很多地方的人都有这想法。他们拥有很多不同版本的神话故事。如一些关于冶匠和巫师的精彩故事。这些故事一直流传到今天，还有很多词语也都流传到现今。

在古时候，人们认为神明是在保护这些富人。神明会把灾难降临到一无所有的穷人身上，所以，他们觉得自己的命运就是由神明来决定的。在这种情况下，产生了"富人"和"穷人"这些词。

人类初期是分为几个阶级等级，分别是奴隶和奴隶主以及富人和穷人。

在古老的原始公社制度中，大家使用的工具都属于公共财产，就连居住的房子也是公社财产。日常生活中，大家一起采集果实，一起打猎，一起捕鱼，获得的劳动成果也是一起来分享的。

但是随着人们逐渐懂得怎么冶炼金属、学会养牲畜群和种田之后，工匠就成了富裕起来的阶层。锻冶的工匠、陶制工人、织工都在忙碌着自己的事，为需要的人提供自己的劳动产品。所以，牧人、农夫、工匠之间就开始分化开来，他们之间的分工也越来越明显，物物交换就出现并流行起来。畜牧的人会用牲畜和一些牲畜副产品来换取自己需要的谷物，手工匠也会用自己的制品来换取自己需要的粮食和生活用品。于是，就出现了富人与强者，他们可以统领着那些穷人和弱者。他们也有权奴役那些社会低层的人。他们自己不再工作了，已经有人把他们需要的一切都做好了。

就这样，原始公社制度走向了衰亡，人类迎来了新的制度——奴隶制度。

 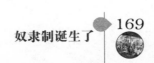